课题资助来源：
安徽省哲学社科青年项目“长江经济带土地低碳利用效率评价及碳补偿分区优化研究”（AHSKQ2019D014）
“安徽工程大学供应链管理创新团队”项目资助，项目编号： 校人字[2018]30号
安徽工程大学引进人才科研启动基金项目“中国农地碳排效应及碳减排策略研究”（2019QQ019）

经济管理学术文库 • 经济类

农地碳排效应及碳减排对策研究：基于新疆的考察

Carbon Emission Effect of Farmland and Countermeasures of Carbon Emission Reduction: Based on the Investigation of XinJiang

刘　芳／著

经济管理出版社
ECONOMY & MANAGEMENT PUBLISHING HOUSE

图书在版编目（CIP）数据

农地碳排效应及碳减排对策研究：基于新疆的考察/刘芳著．—北京：经济管理出版社，2020.7

ISBN 978－7－5096－7231－0

Ⅰ．①农…　Ⅱ．①刘…　Ⅲ．①农村—二氧化碳—减量化—排气—研究—新疆　Ⅳ．①X511

中国版本图书馆 CIP 数据核字(2020)第 116894 号

组稿编辑：曹　靖
责任编辑：曹　靖　郭　飞
责任印制：任爱清
责任校对：陈晓霞

出版发行：经济管理出版社
（北京市海淀区北蜂窝 8 号中雅大厦 A 座 11 层　100038）
网　　址：www. E－mp. com. cn
电　　话：（010）51915602
印　　刷：北京玺诚印务有限公司
经　　销：新华书店
开　　本：720mm×1000mm/16
印　　张：13
字　　数：211 千字
版　　次：2020 年 8 月第 1 版　　2020 年 8 月第 1 次印刷
书　　号：ISBN 978－7－5096－7231－0
定　　价：88.00 元

前　言

碳排放增多导致全球气候变暖并危害各国经济发展已成为全球共识；平衡碳排放与经济发展关系成为21世纪各国努力的方向。为实现“全球平均气温较工业化前水平升温不超过2℃”的长期目标，中国政府于2015年在气候变化巴黎大会上郑重地作出碳减排承诺，从CO_2排放峰值时间节点、碳排强度、森林蓄积量和能源消费结构四个方面设定了明确的目标，并以此作为国民经济发展、产业结构调整和能源利用创新的标杆性约束工具。农地是农业生产的必需要素，是农民增收的基础资源，是农村生态安全的物质保障。而农地利用失宜、农地结构变化是碳排放产生的重要来源。反之，合理地开发利用农地能够发挥巨大的碳减排潜力。碳减排目标的实现不仅要靠工业部门的节能减排，还要充分挖掘农地利用过程和农业生产活动中的减排增汇功能。新疆是中国重要的粮棉果畜基地，农地资源非常丰富。随着新型工业化、农业现代化和城镇化建设的推进，农地利用过程的碳排放问题日益严重，不仅造成大气、水土污染，加剧气候变暖，也增加了农业生产的不稳定性，延缓了农业提质增效进度，弱化了全疆的碳减排工作成效。在落实生态文明建设战略和《“十三五”控制温室气体排放工作方案》的背景下，探究新疆农地碳排规律、辨识农地碳排影响因素及其程度，调研农户低碳生产技术采纳情况，并对其困境进行分析，最后测度新疆农地碳减排潜力，据此提出政策建议，有利于促进新疆碳减排工作，加强生态文明建设，推进农村环境治理和农业可持续发展。

本书以新疆农地为研究对象，基于碳排系数法，在全面、系统地进行新疆农地碳排量、碳汇量、净碳排测度和时空差异分析基础上，运用LMDI法剖析农地碳排变动的影响因素、影响程度以及农地碳排连年增长的深层次原因；运用Tapio脱钩模型，判别新疆农业经济增长与农地碳排的关系，明确农业经济增长质量；以减施化肥、增施有机肥为例，对农户低碳生产技术采纳情况进行访谈调研，构建多元有序 Probit 模型，识别农户低碳生产技术采纳的影响因素并分析其障碍因素；构建碳减排模型，测算采纳低碳生产技术条件下新疆农地碳减排潜力，证明碳减排可行性；运用案例分析法总结国内外碳减排成功经验，最终提出以制度构建为核心的新疆农地碳减排策略体系。

本书论证的结论主要有以下五点：

第一，2000 ~2016 年，新疆农地碳排量和碳汇量都呈现不断增长态势，但是碳排量远超过碳汇量，表现为净碳排。八类碳源中，居前三位的依次是畜禽养殖活动、化肥和农膜。各地州相比，仅有阿勒泰地区和哈密地区是农地净碳汇区，其他地州均是农地净碳排区。尽管新疆退耕还林还草等生态工程建设和特色林果业发展取得了一定的成效，农地碳汇量不断增长，但草地退化较为严重，建设用地快速增长挤占了大量农地。同时，耕地、园地规模扩大带来的化肥、农药、农膜、农用柴油等化学性生产要素大量投入以及畜禽养殖粪便无害化处理不当，导致农地碳排量超过农地碳汇量。

第二，农业经济增长和农业劳动力规模扩大是新疆农地碳排增长的促进因素，研究期间分别贡献了 522. 21 万吨和 276. 88 万吨的累计碳增排量；农业生产效率提升和农业产业结构调整是新疆农地碳排增长的抑制因素，分别贡献了 480. 61 万吨和 7. 51 万吨的累计碳减排量。新疆农地碳排与农业经济增长的关系是以弱脱钩为主，伴有扩张连接、强负脱钩，这意味着新疆农业经济尚未摆脱高投入、高能耗、高排放的粗放增长模式。

第三，新疆农户低碳生产技术采纳程度偏低，农地生产活动中，主要面临化肥、农药减量难，农膜回收难，清洁养殖技术推广难等主要问题。对农户减施化肥、增施有机肥的低碳生产技术采纳概率产生显著影响的因素有农户年龄、政策了解程度、风险偏好、非农收入占比、畜禽养殖数量、是否为合作社成员、技术培训次数、有机肥价格感知度和易获得性、土壤有机质状况。农户低碳生产技术采纳程度偏低的困境原因在于：农户利益预期得不到满足（具体表现为绿色补贴收益不足、低碳生产技术采纳成本过高、市场超额收益得不到满足）、农户组织化程度低下、低碳技术推广难、农地碳减排制度不完备（具体表现为环境规制缺失、农业补贴制度不完善及其他）。

第四，以减施化肥、增施有机肥的低碳生产技术为例，对新疆三大农作物棉花、玉米和小麦的碳减排潜力进行测算。结果表明单位种植面积碳减排潜力大小排序为棉花 > 玉米 > 小麦；2013 ~ 2016 年，新疆棉花、玉米和小麦三大主要农作物在科学施肥情境下的累计碳减排量分别为 161.04 万吨、28.86 万吨、0.035 万吨，合计 189.935 万吨。各地州相比，化肥施用碳减排潜力位列前三的是塔城地区、昌吉州和喀什地区。

第五，发达国家在节能减排方面的成功经验在于：形成了较为完善的碳排放权交易市场机制、实施碳税政策和共同农业政策、重视专门的碳减排法律体系建设、鼓励低碳技术创新等。国内碳减排的成功经验在于：积极争取与发达国家进行 CDM 项目合作，吸收先进减排经验，降低碳减排成本；大力发展林业碳汇交易项目，实现农户增收和碳汇增加双赢；成立农民专业合作社，争取政府资金支持，建立低碳循环养殖模式，充分发挥合作社在低碳生产技术采纳方面的组织化优势。

本书基于论证结论，提出了促进新疆农地碳减排的对策建议：总体思路是以效率提升为先导，结构调整为手段；提升农户组织化程度，促进规模化经营；实施地区差异化减排增汇；政府主导与市场激励共建。相关的四项原则包括：兼顾公平与效率、减排成本被消化、减排技术易推广和减排增汇双驱动。在此基础上，本书对农地碳减排做出了相应的制度设计：完善有利于碳减排的财税制度、土地承包及经营制度、低碳技术创新和推广机制、农户组织化提高的生产经营体制、碳排放权交易机制、碳金融制度，建立健全的农地碳减排监督检查机制。

目　录

第1章 绪 论

1.1 研究背景及意义

1.1.1 研究背景

减少碳排放、减缓全球气候变暖已成为21世纪各国在社会经济发展过程中要平衡协调的重大问题（李波，2011）。众多研究表明，全球地表平均温度升高是由于人类活动引发温室气体排放增加导致的（张露，2015）。农业是温室气体排放的第二大来源，农业生产活动中温室气体排放占全球人为排放的1/5。农业发展深受气候变化影响，同时又是诱发气候变化的因素之一（郑晶，2010）。气候变暖会导致自然灾害频发、害虫繁殖加快、作物分布空间变迁、生产风险性加大、产业竞争力下降。联合国粮农组织（FAO）建议采取必要行动如增加土壤和森林的碳封存能力等来降低农业领域的碳排放，增强缓适气候变化能力（米松华，2013）。就我国而言，伴随农业现代化程度的不断提高，城镇化进程的加快和越来越多劳动力的非农就业，农业生产普遍地呈现机械化，依靠化肥、农药和农膜等化学品的大量投入来提高农作物单产。同时，日益提高的生活水平加大了对肉禽蛋的需求，牛、羊等牲畜饲养规模不断扩大。加之有些地区毁林开荒、过度放牧，破坏了森林和草地等植被，建筑用地对农业用地的大量挤占等活动，促使农地碳排占温室气体排放总量比重达到18%～26%（田云等，2013；吴乐知，2018），高于全球平均水平。

为缓解气候变暖的不利影响，实施碳减排已成为全球共识。为了彰显大国责任意识、践行打造人类命运共同体的信念，2015 年我国政府在气候变化巴黎大会上作出碳减排承诺，从 CO_2 排放峰值时间节点、碳排强度、森林蓄积量和能源消费结构四个方面制定了明确的目标，并以此作为国民经济发展、产业结构调整和能源利用创新的标杆性约束条件。要实现这样的目标，需要投入大量的人力、物力和资本，碳减排任务相当艰巨。碳减排要付出政策成本、研发成本、技术创新推广成本、淘汰落后产能机会成本等直接或间接成本；而且不同地区、不同行业的碳减排成本差异也是显著的（武良鹏等，2018）。为了顺利实现减排承诺并降低减排成本，弱化经济增长风险，不仅需要工业领域节能减排，还要充分发挥农业部门在碳减排方面的优势和巨大潜力。

农地是土地资源的重要构成部分，是农业生产的物质基础，也是人类文明演化的摇篮。合理开发利用农地可以满足人类生产生活的基本需求；反之，不合理开发利用农地则会降低经济效益、造成土壤污染、促使碳排增加、破坏生态服务效能等。值得注意的是，与工业生产相比，尽管农地碳减排潜力偏小，但其碳减排的正外部效应远远大于工业活动。合理开发利用农地不仅可以减少温室气体排放、降低碳减排成本，还可以改良土壤层构、改善土壤品质、增加生物多样性，为粮食安全和食品质量提供源泉保障。增加林地碳汇和草地碳汇可以净化空气、改善大气质量，美化人类生活空间；林业碳汇交易可以增加农民收入，缓解地区贫困。

新疆是我国重要的粮棉果畜基地，也是农业大省，但地处西北干旱区，水资源紧缺，自然环境恶劣，面临农业增产、农民增收、粮食安全和生态环境保护等多重任务。2016 年底，新疆农地总面积 6308.48 万公顷，其中，包括耕地 412.46 万公顷、园地 36.42 万公顷、林地 676.48 万公顷、牧草地 5111.38 万公顷，其他农用地 71.75 万公顷，分别占全国同类土地面积的 9.78%、3.06%、2.55%、2.67%、23.30%、3.03%①。近二三十年来，由于化肥、农药、农膜等化学性生产要素的大量投入，畜禽养殖规模的扩大及其粪便的管理不当，农用机械电力的能源消耗活动引发了碳排放的不断增长。尽管林地和草地能发挥碳汇功能，但新疆的森林覆盖率很低，只有 4.24%，远低于全国平均水平的 21.63%，

---

① 此比例数据根据对应的全国数据计算而得。其中，全国农地总面积 64520 万公顷，包括耕地 13490 万公顷、园地 1430 万公顷、林地 25290 万公顷、牧草地 21940 万公顷，其他农用地 2370 万公顷。数据来自《中国统计年鉴》（2017）。

位列全国最后一名，林地面积和森林蓄积量在全国分别排名第14位和第16位，草地面积广但生物量低，碳汇功能相对较弱。农地利用过程中的碳排放问题日益严重，不仅造成大气、水土污染，加剧气候变暖，也增加了农业生产的不稳定性，延缓农业提质增效进度，弱化全疆的碳减排工作成效。在落实生态文明建设战略和《"十三五"控制温室气体排放工作方案》的背景下，有必要探究新疆农地碳排规律、辨识农地碳排影响因素及其程度，诊断农业经济增长质量；有必要调研农户气候变暖认知和低碳生产技术采纳情况，识别低碳技术采纳困境因素；有必要采取一定方法测度新疆农地碳减排潜力，论证碳减排可行性，为新疆资源环境保护、应对气候变化、实现农业稳粮增产和农业经济可持续发展提供重要的理论基础和现实依据。

1.1.2 研究意义

（1）理论意义。

第一，丰富和完善了低碳农业研究理论体系。新疆地处西北干旱区，生态环境脆弱，农地资源区域差异大，农地碳减排要因地制宜。本书在吸收前人研究成果的基础上，构建了新疆农地碳排/碳汇综合测度体系，对新疆耕地、园地、林地和草地四类农地的碳排综合效应进行评估，把握新疆农地碳排碳汇时空差异特征，弥补现有研究"重碳排轻碳汇"的不足，为碳减排区域差异化提供数据支持，丰富和完善了低碳农业理论研究。

第二，在系统测度新疆农地碳排的基础上，分解碳排的影响因素，确定对应的碳排贡献值及排序；运用脱钩模型，进一步检验农地碳排与农业经济增长的关系，为新疆相关部门制定恰当的碳减排政策、合理分配减排任务提供学术依据。

第三，以农户行为理论为指导，结合调研数据，运用多元有序Probit模型识别农户低碳生产技术采纳行为的影响因素，厘清其关键阻碍因子，为低碳生产技术的推广应用和农户科技素养的提升提供学术参考。

（2）实践意义。

贯彻落实国家应对气候变化与低碳发展整体战略，参与全国碳排放权市场交易，调整产业结构，发展战略性新兴产业，构建新的经济增长点，是应对气候变化工作的重要内容。一方面，农地生产活动受气候变化的直接影响和制约；另一方面，农地利用方式和管理水平又反作用于气候变化。本书将有利于增进人们对新疆农地碳排效应的理解、增进对新疆农地低碳发展水平以及碳减排潜力的认知，结合新疆自然资源禀赋、农地结构和农户特征等，探索合适的碳减排工具，制定有针对性的碳减排政策，有效控制温室气体排放，加快科技创新和制度创新，健全激励和约束机制，推进新疆节能减排和洁净建设，提高新疆在全国碳排放交易市场的影响力和话语权，在农业方面建立有新疆特色的应对气候变化的工作机制。

1.2　国内外研究动态

气候变暖对人类生存、生活和生产活动带来重要影响，自工业革命以来，极端气候灾害的频发导致的地区干旱性贫困、粮食生产波动、生物多样性骤减、病虫害基因转变等问题，引发了国内外学者的高度关注。国内外学者关于碳排放、气候变暖及对社会经济发展影响等问题的研究呈现逐步深入和日益多维的特点。鉴于本书以农地碳减排为目标，探寻新疆农地碳排来源以及农地碳减排的驱动因素等，因此本章拟对国内外农地碳排问题相关研究成果进行归纳和总结。具体而言，本章国内外研究动态主要从土地/农地利用与碳循环、碳排放与经济增长关系、农地碳减排困境以及农地减排政策和技术选择这几个维度展开。

1.2.1　国外研究动态

1.2.1.1　土地利用、碳排放与气候变化

“向大气中释放 CO_2 的过程、活动或机制”被界定为碳源；“从大气中清除 CO_2 的过程、活动或机制”被界定为碳汇（赵荣钦等，2004；白朴，2016）。碳排与碳吸收或碳储存是两个对立相反的过程。众多研究表明，人类对煤、石油、天然气等化石燃料的过度使用以及土地利用变化，导致大气中 CO_2 温室气体浓度加大（Vleeshouwers，Verhagen 等，2010），显著影响气候全球变暖。其中，以农地为载体的生产活动和能源消费活动是仅次于工业生产的第二大碳排放源。18 世纪以来，大气中增加了一倍多的 CH_4，其中 70% 的氮氧化物源于农地利用活动（李晓燕，2010；李波，2013）。过去 50 年，稻田排放的甲烷对全球变暖起着重

要的作用，占 CH_4 总排放量的17%左右（Grunzweig J. M.，Sparrow S. D.，Yakir D. 等，2004）。《2006 年 IPCC 国家温室气体清单指南》（以下简称《指南》）中，梳理了林地、农地（主要指耕地）、草地、湿地、聚居地、牲畜及其粪便管理中的碳排放以及土壤管理的 N_2O 排放，采伐的木产品也被纳入清单范围，该《指南》中特别强调了土地管理是控制人为温室气体排放的重要途径。此外，通过农业废弃物生产生物质能源替代化石燃料也被看作碳抵消方式（田云，2011）。不合理的土地利用方式，如采伐森林、开垦草原、改造沼泽等改变了植被覆盖和生物多样性，进而影响到气温、降水等条件，也间接加剧了全球气候变暖。土壤植被是生态系统功能和维持生物多样性关键驱动因素。土壤呼吸是陆地植物固定的 CO_2 返回大气的主要途径。植被对气候变化的敏感性已被广泛研究。众多研究表明，过去的六七十年中，土地利用结构的变化是美国气候变暖的重要原因（Brian Stone，2009；Arevalo，Bhatti，2011）。Nan L. 等（2015）将土壤碳模型与遥感指标相结合，反映土壤有机碳在整个景观中的空间变异格局，净初级生产力（NPP）是影响土壤有机碳密度时空变化的首要因素，退耕还草是研究期间土壤固碳最有效的恢复方式。不同土地利用类型下，土地利用面积的变化对土壤有机碳储量的贡献往往大于土壤有机碳密度的变化。

文章通过百度学术网站，以“Land Use”（土地利用）、“Agricultural Land Use”（农地利用）、“Climate Change”（气候变化）、“Carbon Emission”（碳排放）、“Carbon Sequestration”（碳储存）、“Greenhouse Gases”（温室气体）为关键词，检索 1999 ~2018 年被 SCI、SCIE、EI、SSCI 索引的文章，共检索到 10770 条记录。文章所属学科集中在环境科学工程、生物学、大气科学、地质学、农业经济管理以及地质学等领域，这表明土地利用、碳排放与气候变化在国外成为多学科领域关注的重要议题。从内容看，国外学者主要关注的内容涉及以下几个方面：①土壤有机碳存储与气候变化和粮食安全。如 Lal R.（2010）阐述了全球土壤碳固定对气候变暖缓解的技术潜力，认为通过改善土壤质量对农艺生产力和全球粮食安全具有积极影响。他建议通过向发展中国家的农民支付其土地管理费用和加强生态系统服务来支持经济发展。②土地利用变化、保护性耕作与碳排放。Kim H. 等（2009）认为，种植管理是估算与土地利用变化相关的温室气体排放量的一个关键因素。可持续的耕作管理做法如免耕将草地转换的回收期缩短到 3

年，森林转换的回收期减少到 14 年。免耕和覆盖作物的做法可提高土壤有机碳（SOC）水平。③森林火灾、森林退化与碳排放。如 Pearson、Timothy R. H. 等（2017）对 2005 ~2010 年涵盖 74 个发展中国家的 22 亿公顷森林退化引起的碳排放量进行了一致估计，结果表明，每年 21 亿吨 CO_2 排放中有 53% 来自木材采伐、30% 来自燃料采伐、17% 来自森林资源。按地区分，南美洲和中美洲的木材采伐占比高达 69%，非洲仅为 31%，亚洲的木柴砍伐为 35%，南美洲和中美洲森林覆盖率仅为 10%。在毁林和森林退化所致碳排放总量中，森林退化占 25%。在 74 个国家中，有 28 个国家森林退化所致碳排量超过毁林所致碳排量。④气候减缓潜力与可能采取的行动。Albanito F. 等（2016）提出生物能源作物和陆地碳汇功能缓解气候变化的潜力成为近十年的研究热点。目前，大多数粮食耕地不太可能用于生物能源生产，世界许多地区的部分农田特别是边缘耕地正在被放弃而被用于生物能源。⑤耕地管理、动物粪肥管理与碳排放。如 Scott M. J.（2002）等的研究表明，在适宜的气候变化背景下，肥料使用效率和动物粪便管理的改善将使 2080 年农业氮排放总量减少到 1995 年左右的水平成为可能。⑥农田 CH_4、氮氧化物减排潜力。如 Pandey A.（2014）在越南河内进行了一项田间试验，研究稻草堆肥或秸秆生物炭干湿交替是否有可能在保持水稻产量的同时抑制稻田 CH_4 和 N_2O 的排放。结果表明秸秆堆肥不能降低水稻生产的全球升温潜能值（GWP），而生物炭与 AWD 联合使用可使水稻生产的全球升温潜能值维持在较低的水平。⑦玉米乙醇、生物燃料和碳排放。如 Searchinger T.（2008）认为先前的研究结论“用生物燃料代替汽油可以减少温室气体”并不可靠，他通过使用一个全球农业模型来估算土地利用变化所产生的碳排放，结果发现将森林、草地转变成新的农田以获取更多生物燃料，但是玉米乙醇不但没有产生 20% 的节约，反而在 30 年内导致温室气体排放量增加了近一倍。

1.2.1.2　农地碳减排政策与技术选择

随着碳排问题日益加剧，各国政府结合本国资源、资金情况出台了相应政策推进农地碳减排。日本提出了“面向 2050 年的日本低碳社会情景”蓝图，倡议工农业、行政体系和国民共同促进技术创新、制度变革，转变生产生活方式；支持农业领域为居民提供低碳食品，从源头减少碳排放。韩国制定了低碳绿色增长战略，投资约合 2.8 亿美元用于水资源和森林治理，旨在增加森林碳汇以缓解碳排放；到2020年建成500余座利用农副产品实现清洁能源自己的绿色村庄。美国颁布了《美国清洁能源与安全法案》，以发放排放许可的形式鼓励能促进土壤固碳减排的治理项目。印度启动了“第二次绿色革命”，将森林覆盖率由23%提高到33%，支持农村生物能利用；通过生物工程、新品种引进与改良等方式，提高肥药利用率，促进碳减排。

对碳排放进行征税也是国外很多学者认可的具有成本效益碳减排手段，但是碳税在引导人们减少能源消耗的同时，也会带来其他后果，如就业问题、失业问题和经济增长问题等。Baranzini A.（2000）评估了6个国家的碳税竞争力、分布和环境影响。证据表明，碳税是一种有趣的政策选择，其负面影响可通过税收设计和所产生的财政收入高效利用获得补偿。Jo Leinen（2010）则基于欧盟农地碳排特征展开研究，认为课税有利于欧盟农业的可持续发展。Sidortsov R.（2010）对比了碳税在不同国家的影响。在美国，对化石燃料征税对环境有积极影响，但对经济发展和就业增长有消极影响。而德国实施的环境税改革（即对化石燃料征税）有利于失业率的降低，刺激了创新，促进了经济活动。Choi，Tsan－Ming（2013）探讨了对碳足迹征税方案是如何影响服装行业采购决策最优选择。由管理机构设计妥善的碳足迹课税计划，不但可成功吸引时装零售商从本地制造商采购，亦可减低时装零售商的风险。Yamazaki（2017）的文章考察了不列颠哥伦比亚省2008年实施的碳税对就业的影响。结果表明，尽管所有行业似乎都从重新分配的税收中受益，但碳密集型行业和对贸易敏感型行业的就业人数随着税收的增加而下降，而清洁服务行业的就业人数则增加。2007～2013年，该省碳税平均每年创造了0.74%的就业增长率。Erutku C. 等（2018）阐述加拿大不列颠哥伦比亚省和魁北克省分别于2008年7月和2007年10月对零售汽油征收碳税，碳税对人均汽油消费有短期的抑制作用。

除征收碳税外，不少学者还探讨研究了工程技术措施或具有创新意义的政策来积极推动碳减排。其中，工程技术措施包括调整农作物种植结构、增加绿色植被覆盖密度、少耕或免耕、植树造林等改变农田生态服务系统以减少碳排。改变畜禽饲料配比，提高畜禽养殖粪便管理水平，大力发展有机农业，提高氮肥利用效率，减少绝对施用量（Ponsioen T. C.，Blonk T. J.，2012），构建厌氧消化系统（Martin M. P.，Cordier S.，Balesdent J. 等，2007），用于捕捉大气中的CH_4，也是实现农地碳减排的重要手段。Wheeler D.（2010）研究认为在低碳能源开发方面，人口政策选项的成本远远低于太阳能、风能和核电、第二代生物燃料以及碳捕获和储存成本，甚至比森林养护和林业及农业做法更具成本竞争力。实施计划生育和鼓励与女性教育的人口政策项目，可以使全球气候基金获得更多财政支持，减少能源消费和碳排放。

1.2.1.3 碳排放与经济增长关系的研究

西方学者结合各国实践，就碳减排政策是否对经济增长、社会稳定产生不良影响，从不同角度展开了多项研究。法国学者 Can 等（2017）论证了能源消耗和经济复杂性对碳排放的影响，主张在碳减排、能源生产和消费以及满足经济发展目标之间寻求平衡。谢瓦利尔（2016）出版了《碳市场计量经济学分析：欧美碳排放权交易体系与清洁发展机制》一书，Gregory C. Chow（2017）出版了《环境问题的经济分析》一书，通过模型研究如何控制全球碳排放，并运用经济学理论与实证分析工具探讨环境政策。另外，美国、德国、日本等国家结合本国特征，对 CO_2 减排成本做出预测，据此确定减排方案。一些学者认为碳减排确实影响经济发展速度，且碳减排速度与经济损失概率呈非线性相关（Manne A. S. 等，2001），而 Tony Reichardt（1999）的研究表明碳减排不一定引发经济衰退。还有一些学者坚信鉴于碳排放对人类健康、农业环境造成的损害，碳减排行动不仅不会阻碍社会经济发展，还能增加人口福利等社会公共利益（Peter C.，Fiore A. 等，2016）。Park J. H. 等（2013）采用回归分析的方法对 1991～2011 年韩国经济增长、CO_2 排放与能源消费之间的相关性进行了分析。结果表明，韩国经济增长、能源消费与化石燃料 CO_2 排放具有显著的相关性。

1.2.2 国内研究动态

1.2.2.1 碳排量、碳汇量及碳足迹的测算

国内学者对农地碳排的研究特点是以不同区域（可能是国家、省域或流域）为研究对象，涉及碳排量、碳汇量和碳足迹三个角度的领域，总结碳排放或碳储存的时空演变规律。如李俊杰（2013）、尹钰莹（2016）、洪凯等（2017）分别测算了不同时期内民族地区、河北省、珠三角地区农地利用或农田系统的碳排放。龙云（2016）运用田野调查方式论证了湖南省农地流转对碳排放影响。许恒

周等（2013）、田云（2012）结合气候资料、农地面积和农作物产量等数据，估算了陕西省农地植被碳汇效应。宋卓玛等（2016）对不同土地利用类型的碳汇效益进行测算比较，结果表明，青海省林草地和耕地的碳汇量呈逐渐增加趋势。方精云（2007）、刘豪（2012）等学者主要进行了森林碳汇估算研究。黄祖辉、米松华（2011）采用生命周期评价法，对浙江农业系统碳足迹进行测算表明：农用能源以及农业生产废弃物处置直接或间接碳排放是农业源温室气体重要来源。韩召迎（2016）等研究表明江苏省农田碳足迹总体呈现由北向南递减的波动态势。陈勇等（2017）实证检验了西南地区农业生态系统碳足迹与经济增长之间呈现线性增长关系。

1.2.2.2 土地利用变化对碳排放的影响

我国学者结合不同地域对土地利用变化引发的碳排放变动做了相关研究。卞晓峰（2014）比较分析了全国30个省份的居民点及工矿用地、交通用地、农用地和特殊用地的碳排放水平，结果发现，居民点及工矿用地碳足迹 > 交通用地碳足迹 > 农用地及水利设施用地碳足迹 > 特殊用地能源消费碳足迹。丛巍巍（2014）对东北平原地区退耕还林后土壤有机碳含量进行测定，发现退耕还林初期土壤有机碳含量降低，随着造林年限的延长，有机碳含量增加。造林对土壤有机碳的影响不仅与林地植被碳的投入有关，也受原农地土壤有机碳矿化的影响。武春桃（2015）的研究认为就业城镇化是农业碳排放的主要动力。黎孔清等（2015）从农地内部转换、农地非农化、农地管理和建设用地配置四个方面对江苏省土地利用的碳排放效应进行测算，研究发现居民点和工矿用地单位面积碳排放最大。张苗等（2018）对湖南省平江县113户农户进行田野调查获得的数据进行分析，结果显示：农地流转将导致农业碳排放增加，兼业占总收入比重和农户受教育程度越高，农业碳排放量越少，农地流转对农业碳排放的影响有显著的地域差异。董峰和余博林（2018）认为土地城镇化显著正向影响着碳排放，政府为了获得更多的土地财政收入，实施的城镇化推进政策造成了碳排放加剧的负面影响。张苗等（2018）的实证研究表明土地利用结构、土地利用强度、城市化水平、人均GDP分别提高1%，相应地碳排放总量会上升0.15%、0.21%、0.17%和0.16%。

1.2.2.3 农业碳排放与经济增长关系研究

碳排放与经济增长之间的关系研究是资源环境领域的热点问题之一，两者的实证研究主要体现为以下三个方面：一是运用不同的计量经济方法，对碳排放与经济增长的相互关系进行分析。其中，应用较为广泛的方法有 EKC 曲线判断、协整检验和格兰杰因果检验等。例如牛叔文等（2010）对亚太八国能源消费、GDP 以及碳排放总量三者之间的关系进行研究，发现发达国家能源利用效率和碳排放基数都比较高，但能源强度和碳排放强度均比较低；中国的能耗指标以及碳排放指标状况良好。吴振信（2012）运用面板数据模型，验证经济增长、产业结构调整与 CO_2 排放之间呈长期均衡的协整关系，经济的增长并不影响碳减排。郑长德等（2011）基于 2005～2008 年中国 31 个省份的面板数据，采取空间加权的方法实证研究，结果表明省际碳排放呈现空间集群效应，特别是环渤海地区 CO_2 排放量的集群效应尤为显著。二是对碳排放的驱动因素进行分解。从碳排放影响因素分解方式来看，主要是应用回归分析、恒等式变形等方法进行研究。李波等（2011）对农业碳排放影响因素的研究结果表明，农业碳减排效果从大到小依次为劳动力规模因素、农业结构因素、农业生产效率因素，农业经济增长是导致农业碳排放增加最重要的因素。三是运用不同模型模拟或者预测碳排放和经济增长两者之间的变动关系，如张勇和刘婵（2014）构建的 GM（1，N）与 GM（0，N）模型；张发明和王艳旭（2016）构建的融合系统聚类与 BP 神经网络模型；邓荣荣（2017）构建的 GM（1，1）模型。如郭正权、张兴平等（2018）认为提高每个区域的能源终端利用效率有利于能源节约，但人口增长驱动能源需求上升，进而导致碳排放短期内不会减少。王勇等（2017）运用拓展的 STIRPAT 模型对工业及其 9 个细分行业的碳排放达峰进行了情景预测。研究表明低碳情景是实现中国工业碳排放达峰的最佳发展模式，达峰时间最早（2030 年），峰值最低（140.43 亿吨）。

1.2.2.4　碳减排技术与潜力研究

科技在全球减缓气候变化行动中发挥着至关重要的作用。不同学者对于减排技术有不同理解。赵荣钦等（2014）认为调整耕作制度、改变水肥条件、改善施肥方式秸秆还田、改良作物品种等都可以不同程度地降低碳排放。吴良泉等（2010）认为优化农田氮素养分管理是减少田间氮氧化物的关键。闵继胜（2012）验证了农户非农就业有助于农业碳减排的观点。姜志翔（2013）认为生物碳封存技术具有较大的碳减排潜力。米松华（2015）筛选出易于农户采纳的碳减排技术“最终清单”。李娇（2016）研究了海洋碳封存技术，认为可以利用鱼礁材料增加碳汇潜能。邓明君等（2016）测算了中国粮食作物（玉米、小麦和水稻）在化肥施用方面的碳减排潜力，建议在碳减排潜力大的区域通过政策激励和市场化运作方式推广测土配方施肥，以减少化肥投入。刘翔等（2017）则指出破除生产要素在不同地区间的流动壁垒，能有效促进低碳经济发展。叶琴等（2018）则认为有效的环境规制是碳减排技术创新的必要条件。曹玉博等学者（2018）重点探讨了农牧系统氨挥发减排技术和配套设备的研发，从畜禽饲养、饲舍建设、畜禽粪便的储存、堆肥以及施用等环节梳理了可行的氨挥发减排技术。

碳减排潜力测算及减排目标分解可为采取恰当的碳减排措施、政策提供数据支持。国外有关碳减排研究远远早于国内，而且很多学者重点研究了工业方面化石能源碳减排目标的实现及减排总量目标如何在国内不同区域之间分配。如Janssen（1995）提出基于人口规模、国民生产总值和能源消耗等指标的加权组合模型进行化石碳排放权的分配方法；Phylipsen（2007）提出了基于部门分摊的国际碳减排目标分担和国内人均排放配额法；Chaurey（2009）分析指出印度政府推广使用太阳能家庭系统（SHS）替代煤油使用来满足偏远村庄家庭的照明要求，并测算了SHS扩散潜力及其CO_2减排潜力，而且可以通过碳融资降低居民家庭采用SHS的成本。外国学者有关碳减排潜力和目标的测算与分解也为国内实现碳减排任务提供了思路借鉴。

在我国政府提出碳减排目标后，国内关于碳减排的研究也开始慢慢升温，从内容到方法，可以总结为以下几个特点：①鉴于工业减排潜力大于农业，且持续时间长，因此工业碳减排研究多于农业碳减排研究。集中讨论电力行业、汽车制造、交通运输行业的碳减排潜力，如施晓清等（2013）基于生命周期理论，结合燃料碳排放模型，分6种情景分析了电动汽车的碳减排潜力。郭朝先（2014）认为可以通过工业内部结构和能源结构调整实现更大的减排量和碳排强度降低。②运用不同的方法或模型测度国内30个省份碳减排潜力及对比。例如，屈超等（2016）运用萤火虫优化的IPAT模型估算中国2030年CO_2排放强度，结果表明有20个省份的碳排强度减幅超过60%。发展第三产业有利于碳排放强度的降低，新疆需要改善以煤炭为主的能源消费结构，增加太阳能、风能、沼气等可再生资源使用量占比，才能达到理想的减排效果。李志学等（2017）基于能源效率值测算各省的碳减排潜力，发现碳减排潜力与能源消耗方式、经济发展模式息息相关。③因学科不同，农业碳减排潜力的研究方式和手段风格迥异。作物学科需要借助实验测量碳减排量。陶瑞等（2015）在滴灌条件下，连续3年对试验区棉田进行增施有机肥试验，对比全施化肥、减施化肥20%～40%同时配施3000千克/公顷、6000千克/公顷的有机肥后，棉田土壤氮素转化各形态氮素的特征。结果表明，增施有机肥能显著增加土壤 NH_4^+ －N、NO_3^- －N，微生物量氮增加50%以上，土壤固碳、固氮能力显著提高，从而减少了向大气中排放的 N_2O 量，而全施化肥的棉田会向大气中分解、飘散更多 N_2O 气体。Rdh C.（2004）和Jagadamma（2008）的研究也表明化肥和有机肥配施可以增加土壤中碳、氮的累积量。而资源环境经济学科则偏重利用经济学模型或函数公式进行理论推演。如朱宁等（2018）利用CD生产函数推导了甘蔗种植的最优施肥量，对甘蔗减施化肥的碳减排潜力进行测算。罗文兵等（2015）基于系数法测算了我国棉花种植中减施化肥的减排潜力。以上研究，为本书提供了很好的学术借鉴。通过调研发现，由于新疆多年采取膜下滴灌的农业灌溉方式，并且推广测土施肥技术，传统的基肥环节在北疆农作物种植中被摒弃了，南疆虽然有机肥施用的比例比北疆高，但是总体上有机肥量还是不足，特别是棉花、玉米、小麦等粮食作物基本上是化肥全覆盖。为了更好地促进新疆农田主要作物在产量不降低的前提下实现一定程度的碳减排，本章借鉴邓明君的研究方法，运用年鉴数据和碳排系数法测算新疆棉花、玉米、小麦三大作物分情景下减施化肥增施有机肥的碳减排潜力①。

1.2.2.5　农地碳减排的困境、路径与政策研究

困境：我国农地利用和农业生产活动过程的碳减排面临技术锁定（李明贤，2010），即农村老弱劳动力无力也不愿采用粪肥还田等低碳生产技术；分散经营小农户采用低碳作业技术的经济规模效益不足；受粮食安全目标驱动，毁林开荒或过量化肥农药投入时常发生。张新民（2013）认为不健全的生态补偿机制是农地碳减排无法顺利实施的重要因素之一。费伟婷（2011）主张利己与利他的权衡是居民是否愿意主动采取碳减排行动的关键影响因素。孙芳（2012）总结目前中

① 2016年新疆棉花、玉米、小麦的播种面积分别占农作物总播种面积的34.66%、14.78%、20.74%，合计为70.18%，本书以这三种主要的农作物为例测算化肥施用的碳减排潜力，具有一定的代表性；不测算水稻的原因是：其种植面积占比只有1.11%，而且水稻施肥量比较合理，在科学施肥建议的范围内。

国农业温室气体减排项目参与国际碳市场面临交易成本高、缺少独立的第三方认证机构等困难。

路径：低碳农业实现路径或模式可分为技术层面的低碳农业生产技术和经济或制度层面的低碳农业生产保障机制两大类。生物甲烷路线因其低成本特点比碳捕获和封存路线（Carbon Capture and Storage，CCS）具有更大的减排潜力。杨果（2016）总结了立体种养节地、种养废弃物再利用、观光休闲农业等十类农业低碳发展模式。

政策：翁志辉等（2009）以台湾低碳农业的发展作为借鉴提出了大陆发展低碳农业的相应对策和建议。还有学者建议建立健全资源有偿使用制度，开征环境税（谢淑娟，2010）；建立有利于发展碳汇农业的保障体系与激励机制；设立“农业碳基金”，推进碳排放权交易（漆雁斌，2013）；改变传统农业的组织形态，大力推进各种形式的农业专业合作（王晓莉，2014）；征收进口农产品“碳关税”，补贴国内碳汇农产品。但是也有学者提出不同的观点，翁智雄等（2018）认为征收碳税会对国家宏观经济产生负面冲击，最终影响减排效果，建议合理制定碳税税率，大力促进碳交易在碳减排方面的积极作用。

1.2.2.6　农户低碳生产行为研究

从经济学角度分析，产生多少温室气体很大程度上取决于农户对农业生产方式的选择。生产者行为理论主张利益最大化是经济主体从事生产经营的主要目标，因此，低碳技术是否被采纳取决于它能否给生产者带来超额收益。近年来，作物种植对化肥、农药、农膜投入的高度依赖而造成土壤质量下降（陈昌洪等，2013）、水源污染以及碳排放的增加（谢齐玥，2013）问题日益严重，一些学者开始关注农地利用过程中农户的低碳生产行为。侯博（2015）研究表明，农户的农地低碳生产意愿受其行为态度、主观规范和知觉行为控制交互影响。樊翔、张军等（2017）对山东省大盛镇农户的研究发现：农户禀赋对低碳生产行为有着重要作用，农户对碳排放与气候变暖的关系以及低碳生产的必要性认知程度不高。刘芳等（2017）基于山东省农户调研数据，探讨了平原地区农户低碳生产行为如秸秆还田、畜禽粪便处理、农膜回收利用等影响因素。蒋琳莉等（2018）运用扎根理论分析了稻农低碳生产行为的影响机理，发现低碳生产方式及效果认知和行为效能感知显著影响着稻农的低碳生产意愿，而低碳生产成本和社会环境因素则影响着稻农低碳生产行为的实际发生。

1.2.3 国内外研究评述

对碳排问题的关注和研究充分彰显了人类对地球生命的关怀，既是经济良性发展的要求，也是人类文明进步的体现。目前国内外有关碳排问题的研究不断丰富、拓展，为本书深入开展新疆农地碳排问题分析、构建农地碳减排政策体系提供了很好的借鉴。但由于前人的学科领域、所处发展阶段及选择的研究对象、涉及的范围不同，其成果还存在一定的不足，其局限性主要体现在以下几个方面：①将碳排和碳汇分割研究，众多学者偏重测算农业系统的碳排放，而忽视农作物碳汇，林地、园地和草地碳汇对碳排的抵消效应，对低碳水平的测度不够全面。②经济学思想植入不足影响了农地碳排问题研究的深度，多数研究缺少经济学理论支撑，鲜见经济学理论的推导与演绎。③多数研究以低碳农业的内涵、特征、功能、意义、发展模式、发展对策等基本理论为重点，鲜见从农地视角出发，综合宏观和微观双重层面开展碳减排的研究。而农地的可持续利用和农业经济的良性发展既需要政府做制度方面的有效设计，也需要农户微观主体的落实参与。通过对农户低碳生产技术采纳行为的研究，可以窥见政府在制度设计方面的不足，从而为农地碳减排的制度体系构建提供微观证据。

鉴于此，本书在充分吸收前人成果的基础上，充分运用相关经济学理论构建农地碳排问题的分析框架，结合宏观与微观数据对新疆农地碳排水平进行测度，论证其与农业经济增长的关系，对农地碳排影响因素进行分解，结合调研数据，从制度、技术、资金和农户组织化四个方面总结碳减排的困境，估算应用低碳生产技术条件下新疆农地碳减排潜力，梳理国内外碳减排经验与成功案例，最后构建以制度设计为重点的农地碳减排对策。

1.3 研究内容

本书主要包括以下六部分的内容：

第一部分为绪论和理论基础（第 1 章、第 2 章）。第 1 章是在全面阐述本书

研究背景和意义的基础上，从农地碳排碳汇原理、对气候及经济发展的影响、驱动因素、减排技术和政策等方面在研究方法和重要结论上作系统的国内外文献综述，并对文献进行点评。阐明研究思路和研究方法及可能的创新点。第2章是对农地和农地利用、碳排和碳减排等基本概念进行界定，并提出相关理论基础。

第二部分为理论分析框架（第3章）。第3章是在分析农地的碳排与碳汇以及农地类型转化引起的碳排效应的基础上，对农地碳排宏观影响因素的作用机理进行分析，接着对决定农户农地碳减排的四个驱动因素，即外部压力（节能减排）、内生动力（利益满足）、客观基础（技术创新）和微观基础（农户组织）分别运用外部性理论、制度变迁理论、经济增长理论和交易费用理论进行理论推演，以此构建本书的理论分析框架。

第三部分为新疆农地碳排问题宏观层面的研究（第4章、第5章）。第4章是新疆农地净碳排测度及时空差异分析。在科学界定并构建新疆农地碳排碳汇测算体系的基础上，主要从时序和空间两个维度定量测算新疆农地碳排量和碳汇量，并分析新疆农地碳排的演变规律和时空特征，通过净碳排量的测算来判别新疆农地究竟是发挥碳源还是碳汇功能。并对农地类型转变而引发的碳排放效应变化做定量分析。第5章是新疆农地碳排影响因素分解及脱钩效应分析。运用LMDI分解方法，从农业生产效率、农业产业结构、农业经济发展水平、农业劳动力规模四个方面，对新疆农地碳排增量进行结构定量分解、计算各因素对碳排的累计效应；并从时间和空间两个维度，把握各因素对农地碳排变化的影响差异。基于Tapio模型验证新疆农地碳排与农业经济增长的脱钩响应关系。

第四部分为新疆农地碳排增加的微观视角分析（第6章）。第6章是新疆农户低碳生产技术采纳行为：影响因素及障碍分析。借助微观调研数据，以低碳生产技术—减施化肥增施有机肥为例，运用多元有序Probit模型实证农户低碳生产技术采纳行为影响因素；并从农地碳减排制度、低碳生产技术推广、农户预期利益满足和农户组织化程度四个方面剖析农户低碳生产技术采纳情况不容乐观，即新疆农地难以碳减排的障碍所在。

第五部分为新疆农地碳减排策略的构建过程（第7章、第8章、第9章）。第7章是低碳生产技术采纳条件下新疆农地碳减排潜力分析。以低碳生产技术减施化肥增施有机肥为例，测算新疆及14个地州的棉花、玉米、小麦在科学施肥情境下达到的碳减排潜力。通过比较不同农作物以及各地州的碳减排潜力，为减排政策的提出以及碳减排责任的分配提供参考。第 8 章是国内外碳减排的成功经验与启示。国外碳减排成功经验主要阐述了碳排放权交易机制、欧盟碳减排行动和英国气候治理立法及农地碳减排政策、技术；国内碳减排经验重点介绍了美国国际集团和四川合作的 CDM 项目、浙江临安林农营林碳汇增收案例和新疆昌吉州新峰奶牛养殖专业合作社低碳循环养殖模式；并总结国内外减排的成功经验对新疆的启示。第 9 章是新疆农地碳减排对策建议。提出新疆农地碳减排的原则、总体思路，并从财税制度、土地制度和土地经营制度、碳金融制度以及碳排放权交易机制等方面提出构建农地碳减排的制度设计建议。

第六部分为研究基本结论与研究不足及展望（第 10 章）。

1.4 研究方法与技术路线

1.4.1 研究方法

（1）文献归纳法。通过收集大量国外关于农地碳排及碳减排研究的文献，包括国内外期刊文献、博士论文、会议报告等，掌握农地碳排研究的现状，并对已有研究的贡献与不足进行归纳总结，明确本书需要解决的问题、解决思路和创新点。

（2）实证分析与规范分析相结合方法。实证分析方面，运用多种计量方法，探究变量之间的数量关系，揭示经济规律。一是运用 LMDI 方法对农地碳排的影响因素进行分解；二是运用 Tapio 脱钩模型对农地碳排与农业经济增长的响应关系进行验证；三是运用多元有序 Probit 回归模型，对农户是否采纳低碳生产技术行为进行分析。规范分析方面，运用规范分析的方法构建新疆农地碳排问题的理论分析框架，包括农地碳排碳汇机理、碳排的宏微观影响因素作用机理和碳减排潜力分析。在困境分析和成功经验分析的基础上提出切实可行的策略体系。

（3）访谈与问卷调查法。对新疆维吾尔自治区（包括兵团）农业部门、畜牧业部门政府人员、化肥生产企业以及当地农户、牧民进行深入访谈，了解当前自治区环境规制的相关政策，围绕如何实现化肥、农药零增长，如何综合利用畜

禽粪便等问题展开深入调研，对当地农户和牧户进行实地问卷调查，系统了解农户和牧户对环境和低碳生产技术的认知情况，考察其低碳生产技术采纳行为。

（4）案例分析法。结合欧盟、英国碳减排成功经验，并重点介绍美国国际集团（AIG）与四川两县合作的CDM项目案例、浙江临安林农营林增汇增收案例和山东济阳奶牛养殖专业合作社低碳循环养殖案例，总结相关启示，为提出合理的碳减排对策奠定基础。

1.4.2 技术路线图

本书的技术路线如图1.1所示。

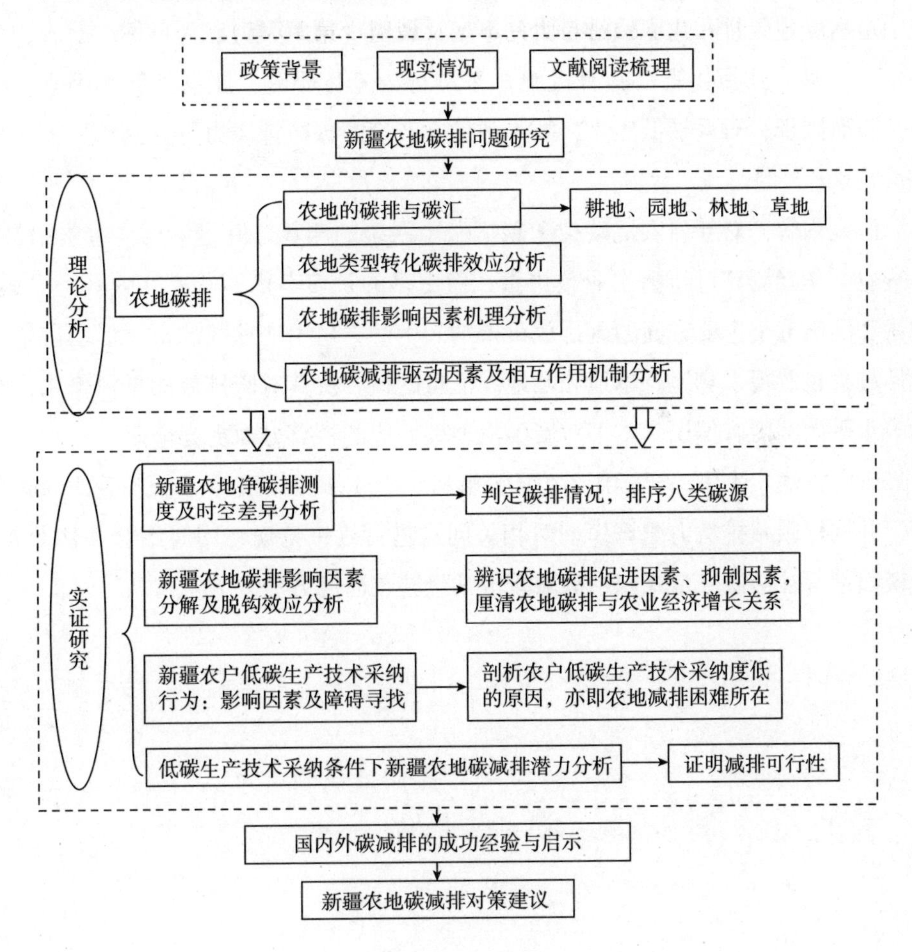

图1.1 技术路线

1.5 本书创新点

本书的创新点主要有：

研究思路：构建农地碳排问题的理论分析框架。从农地碳排碳汇发生原理出发，分析农地碳排增减变动影响因素的作用机理，并运用相关经济学理论对农户农地碳减排的驱动因素进行理论推演，构建新疆农地从碳排到碳减排的分析框架。具体实证过程中，先测算农地八类碳源碳排量并排序，基于新疆农地利用过程中畜禽养殖碳排和化肥碳排量大的事实，以减少这两大碳源为目标，对农户低碳生产技术（减施化肥增施有机肥）采纳行为进行研究，厘清其影响因素，辨识其障碍因子；对采纳低碳生产技术条件下产生的碳减排潜力进行测算，证明减排可行性。

研究内容：对新疆农地碳排和碳汇做了系统的测算，并进行时空差异分析。尽管也有学者测算过新疆农业碳排量，但更多的是仅考虑了化肥、农药、农膜、翻耕和灌溉五个主要方面的碳排放，未纳入生产养殖用地承载的畜禽活动产生的碳排放，也忽视了林地、草地和园地碳汇量的核算及其对碳排放的抵消作用，对低碳水平的测度有偏误。本书对新疆农地碳效应的核算方面更为全面。

研究方法：本书综合运用 LMDI 分解法、Tapio 脱钩模型、多元有序 Probit 模型，并构建碳减排潜力测算模型对相关问题进行逐一论证，同时结合案例分析、访谈归纳等社会研究范式归纳碳减排成功经验，研究方法较为丰富。

第2章　概念界定与理论基础

2.1　相关概念界定

2.1.1　农地与农地利用

2.1.1.1　农地

农业用地是指人类进行农业生产活动所开发利用的土地，是土地中的重要组成部分，又称农用地（以下简称农地）。正确理解土地的内涵、特征有助于深刻理解可持续利用农地的重要意义。

联合国粮农组织（FAO）编写的《土地评价纲要》一书中这样描述："土地的概念比土壤更广泛，不仅包括影响土地用途潜力的自然环境，如气候、地貌、土壤、水文与植被，还包括过去和现在的人类活动成果"（周建春，2005；黄珺嫦，2015）。马克思在《资本论》第一卷中指出："经济学上的土地是指未经过人的协助而自然存在的一切劳动对象。"英国经济学家马歇尔对土地做出如下定义：土地是大自然无偿地资助人们的地上、水中、空中、光和热等物质和力量。政治经济学中土地的概念侧重土地的生产利用，即在社会物质生产中，土地是实现生产劳动过程的必要条件，发挥着生产资料的作用。列宁认为土地是农业中主要的生产资料。土地还是社会关系的客体，土地利用过程中人与人之间的相互关系是社会发展的重要基础。资源经济学观点认为，土地资源是一切能为人类利用的自然资源中最基本、最宝贵的资源，是可以利用而尚未利用的土地和已经开垦利用的土地的总和。土地资源是农业自然资源中重要的组成部分，是其他农业自然资源（水、气候、生物）赋存和依附的基础。作为资源，土地具有物质的自然属性、面积的有限性、沃度的差异性、利用的可更新性、位置的空间性五个主要方面的特征。综合以上观点，土地是重要的自然资源，其产生和存在不以人类意志为转移，是不可或缺的生产资料，是生产力的重要因素。土地利用凝结着人与人之间的社会关系，土地利用受社会生产方式、科技发展水平等多因素制约。

关于农地的概念，相关研究中有狭义和广义之分，而且表述方式不同，如“农地资源”“农村土地”“农业土地”等。狭义的农地就是指耕地（周诚，2003）。程令国等（2016）、蔡洁和夏显力（2017）、李静（2018）以不同区域为研究对象，论证了农地确权与农地流转的关系，文中农地主要指农户经营的耕地。而联合国粮农组织（FAO）规定，农地是指耕地、牧草地和牧场。一些发达国家如美国、英国等的统计年鉴里的农地是耕地和牧草地两项总和。广义的农地包括耕地、林地、草地、农田水利设施用地和养殖水面等（林卿，2003；张红丽，2011），这也是《中华人民共和国土地管理法》第 4 条规定的内容。根据我国最新版《土地利用现状分类》（GB/T 21010—2017），农地包括耕地、园地、林地、草地、农村道路、水库水面、坑塘水面、沟渠、田坎和设施农用地（如表 2.1 所示），其中，设施农用地主要包括经营养殖用的畜禽房舍、水产养殖生产设施用地及其附属设施用地，农村宅基地以外的晾晒场等农业用地。

表 2.1　《土地利用现状分类》与《中华人民共和国土地管理法》“三大类”对照

三大类	土地利用现状分类			
	编码	一级类名称	编码	二级类名称
农用地	01	耕地	0101	水田
			0102	水浇地
			0103	旱地
	02	园地	0201	果园
			0202	茶园
			0203	橡胶园
			0204	其他园地
	03	林地	0301	乔木林地
			0302	竹林地
			0303	红树林地

续表

三大类	土地利用现状分类			
	编码	一级类名称	编码	二级类名称
农用地	03	林地	0304	森林沼泽
			0305	灌木林地
			0306	灌木沼泽
			0307	其他林地
	04	草地	0401	天然牧草地
			0402	沼泽草地
			0403	人工牧草地
	10	交通运输用地	1006	农村道路
	11	水域及水利设施用地	1103	水库水面
			1104	坑塘水面
			1107	沟渠
	12	其他土地	1202	设施农用地
			1203	田坎
建设用地	……	……	……	……
未利用地	……	……	……	……

结合上述观点，本书对农地界定为：直接或间接服务于农业生产的土地，具体包括耕地、园地、林地、牧草地、养殖水面、田坎村路和农田水利设施用地等。农地是农林牧渔业生产的重要物质基础和物质载体，也是人类进行农业生产最基本的生产资料和劳动对象。它作为生产要素与其他要素结合，通过人类的改造活动，完成农产品生产过程。根据数据的可得性和连续性，本书重点研究耕地、园地、林地和草地四类农地。

2.1.1.2 农地利用

学术界尚未对农地利用做出统一的概念说明，可参照土地利用的内涵进行理解。

民以食为天，食以农为源，农以地为本；地者政之本也，是故地可以正政也。农业对自然和土地有特殊的依赖性，是劳动力实现劳动过程的场所，是一切农作物吸取养分的源泉，是劳动对象，也是一种劳动手段。土地的数量、质量和利用状况对农业生产发展起着重大的制约作用。合理利用土地，让土地得到一定的休养，其肥力通常不会减退而且会有更高的产出水平，正如马克思指出："只要处理得当，土地就会不断改良。"美国学者 King 写的一部关于中国土地问题的著作《五千年的奇迹》中指出："中国最大的奇迹是历经五千年沧桑的土地没有遭到破坏，成为祖先为子孙后代留下的最宝贵的遗产"（王甜甜，2017）。这充分表明土地的生产力是可升级更迭的。土地的可持续利用要求处理好用地和养地之间的关系，保持土地中生态因子的动态平衡，是土地生产力不断提高的保障。土地利用不单纯是一个自然技术问题，也是一个社会经济问题，受技术和生产方式的双重制约（王万茂，2010）。

综合以上论述，本书认为，农地利用是指人类依据土地的自然属性，为实现一定的经济、社会、生态发展目标，运用各种技术手段（如整理、复垦、灌溉、耕作等），在对土地进行分类的基础上所进行的周期性经营管理和治理改造活动。具体而言，就是首先对土地的用途做出具体的划分，哪些作为耕地，哪些作为林地、草地，哪些作为园地，哪些作为农业生产设施用地等。然后根据不同的用途，采取恰当合理的方式对其功能进行维护、修复和改造，从而获得人类生存发展所需要的物质和能量。农地利用是人类劳动与土地结合获得农产品和生态服务产品的过程，在这一过程中人类不断地与土地进行物质、能量、价值和信息的相互传递和转换。农地利用是一个社会经济问题，农地利用以提高生产效率和农民增收为目标，农地利用必须遵循一定的经济规律和生态法则，才能获得良好的经济效益与生态效益。本书中"农地"概念，既包含农地的分类，也包含农地利用的意涵。

2.1.2 碳排与碳减排

2.1.2.1 碳排

碳排放是学术界对以二氧化碳（CO_2）为主的温室气体排放的简称（本书简称为碳排）。温室气体（Greenhouse Gas，GHG）是指任何能吸收和释放红外线辐射，并存在于大气中的气体。温室气体使地球表面变得更暖的过程称为"温室效应"。《京都议定书》中将"碳源"定义为"向大气释放碳的过程、活动或机制"，明确提出需要控制的六种温室气体为二氧化碳（CO_2）、甲烷（CH_4）、氧化亚氮（N_2O）、氢氟碳化合物（HFCs）、全氟碳化合物（PFCs）、六氟化硫

(SF_6)。对全球升温的贡献而言，CO_2 占比最大，约为25%。因此，学术界在统计估算某一国家或地区的碳排放总量时，通常将其他温室气体换算为 CO_2 当量，或标准碳当量。此外，水汽（H_2O）和 O_3 也是两种温室气体，但由于其时空分布变化较大，故《京都议定书》减量规划中未考虑这两种温室气体。国际社会早在20世纪末期便开始关注全球气候变化问题，《联合国气候变化公约》自1992年建立以来经过多次修改和增补，目的在于约束各国的温室气体排放。

研究表明，农地利用活动中的碳排放主要是 CO_2、CH_4 和 N_2O 三种温室气体的排放。农地的自然属性与气候变化相互影响，关系密切（郑晶，2011）。农地上附着的绿色植物是天然的"吸碳器"，它们通过光合作用吸收 CO_2，释放 O_2，发挥着减少温室气体的作用。而农地的不当利用、集约利用或用途改变会引起 CO_2 水平的变动，如耕地转为建设用地，砍伐森林等能导致 CO_2 排放增多。IPCC报告指出，20世纪90年代，全球范围内15%的温室气体是农地产生的，其中，1/3的 CO_2 来源于土地用途的改变。另外2/3的 CH_4 和 N_2O 源自农业生产活动，这类生产活动包括化肥、农药和农业机械等工业产品的大量投入（吴贤荣，2014；陈儒，2017）。CO_2 等温室气体累积增多能引起气温和降水的变化，影响气候生产潜力，从而改变生态系统的初级生产力和农地承载力，还影响到农业种植决策、农作物品种改良、农作物品种空间分布、农业投入和技术改进等一系列问题。

2.1.2.2 碳减排

有些研究指出，碳减排就是减少 CO_2 的排放。这种表述不够严谨，一是因为 CO_2 只是温室气体之一，农业生产活动中产生的 CH_4 和 N_2O 也占据很大的比例。联合国报告指出，畜牧养殖业的温室气体排放量比全球所有交通工具，包括飞机、火车、汽车、摩托车的总排放量还多。二是它没有说明要减少哪个空间区域的 CO_2。碳减排应该是减少大气中以 CO_2 为主的温室气体的浓度。

碳减排是延缓气候变暖的重要措施。碳减排可以通过许多途径实现。首先，土地可以吸收碳。土壤有机碳通过呼吸释放 O_2 和大气中的 CO_2 进行交换，可以直接降低大气中 CO_2 的浓度。国土资源部资料显示，自20世纪80年代以来，我国坚持多年的退耕还林还草生态工程大大增加了陆地生态系统的固碳能力，其固碳量抵消为碳排放的1/4～1/3（刘卫东，2010）。反之，频繁地翻耕或土地扰动会破坏土壤有机碳，从而向大气中释放更多的 CO_2。因此，免耕是一种碳减排技术。其次，绿色植被可以吸收碳。农作物、森林、草地都可以通过光合作用吸收 CO_2，从而减少大气中的 CO_2 含量。从某种意义上，碳减排和碳汇是同义词。从实现途径考虑，碳汇可以分为自然碳汇和人工碳汇。从来源考虑，碳汇可以分为森林碳汇、草地碳汇和农作物碳汇。这两种方式都是利用陆地生态系统自身属性进行固碳增汇。最后，碳捕集与封存（Carbon Capture and Storage，CCS）。碳捕集与封存主要是指通过特定方式将大型电厂所生产的 CO_2 收集和封存起来，但这种技术主要应用在工业方面。

综合以上分析，本书认为，农地碳减排是指一方面通过充分发挥农地生态系统的自然属性实现固碳增汇，减少大气中温室气体的浓度；另一方面运用低碳技术合理利用和科学管理农地，如“农田减肥”、推广节能农业机械、免耕等，从而减少大气中温室气体的浓度，最终实现延缓、适应气候变暖的目的。

2.1.3 研究范围界定

以 CO_2 为主的温室气体排放具有飘散性和不确定性，因此，很有必要对研究范围作界定，这也是笔者在写本书时要尽力说明的一个问题。本书研究对象是新疆农地碳排，若要判定农地发挥碳汇作用还是碳源作用，需测算农地净碳排，具体包括测算耕地碳排、设施农用地碳排（对应畜禽养殖过程中的碳排放）、林地碳汇、园地碳汇、草地碳汇，总碳排减总碳汇差额为正，则为碳亏损，表明新疆农地发挥碳源作用，是温室效应加剧的贡献者；总碳排减总碳汇差额为负，则为碳盈余，表明新疆农地能够发挥碳汇功能，是温室效应减缓的贡献者。农作物碳汇不做测算的原因后文做了相关解释。

需要说明的是：①新疆的畜禽养殖对应的农地包含两部分，一部分是草地，另一部分是设施农用地，由于设施农用地在《新疆统计年鉴》中包含在“其他农用地”项目中，设施农用地在农用地中的占比较小，本书具体分析中不再对设施农用地的利用现状做具体说明。②其他农用地中还包括水域，新疆水域占比也比较小，其碳排或碳汇功能不予考虑。③农地承载的农业人口的碳排放（即人类呼出的 CO_2）不予考虑。

2.2 理论基础

2.2.1 可持续发展理论

可持续发展理论（Sustainable Development Theory）是由联合国环境与发展委员会（WCED）于1987年正式提出，倡导实现既满足当代人的需要，又不对后代人满足需要能力的发展。可持续发展理论的核心是发展，但是追求资源环境、科学技术、人口（控制人口数量、提高人口素质）、经济与社会的协调发展，强调人类可持续长久（Sustainable and Long - Term）的发展能力。可续持发展是人口、经济、社会和生态四大方面的持续性发展，人类经济和社会的发展不能超越生态承载力。可持续发展既注重人与自然的协调共生，又强调人与人之间的公平正义，同代人中一部分人的发展不应建立在损害他人利益的基础上。当代人的消费与发展不能损害后代人的生存发展机会。美国学者 Yong（1989）认为农地的可持续利用是在获得最大产量的同时，保护好土壤资源，从而维持其永久生产力的土地利用。1992年，中国政府将“可持续发展”战略纳入了经济和社会发展的长远规划中，通过调整经济结构、控制人口总量、提升人口素质、改善治理环境，推动全社会坚持走生产发展、生活富裕和生态良好的文明发展之路。

土地是人类赖以生存、生产和发展的不可替代的重要资源和物质基础，土地利用随着人类的出现而产生，随着人类社会发展不断演进和变化，因此，土地问题也是与人类发展相伴而生的社会经济问题。在过去三十多年里，中国经济发展在很大程度上依赖于对土地的过度开发利用，随着人口的增长和城市化的推进，建设用地不断增大、农业用地不断减少，特别是耕地数量持续减少。为了提高耕地产出，化肥、农药、农膜、农用机械等物资不断投入，尽管这些化学性生产资料的投入大大提高了农作物的产量，但是造成土壤板结、有机质下降、重金属超标等土地污染问题，而且也加大了温室气体排放，加剧了气候变暖。农村液化气的普及，促使农民只能用通过焚烧这一低成本的方式来处理秸秆。随着规模化畜禽养殖的推进，部分耕地转为农用设施用地，畜禽养殖的粪污很多没经过严格处理就排入地下或沟渠。而秸秆焚烧和畜禽养殖粪污的不合理处理也是造成大气污染和水土污染的重要来源，以上活动也引发食品安全和国民健康问题。此外，毁林毁草开荒不仅加剧了土地沙漠化和水土流失，更损害了土壤固碳能力。总之，人们一方面极力地向土地索取产出，另一方面又将大量生产和生活废弃物等返回给土地，导致土地和大气质量恶化、直接威胁着人类生存和可持续发展。中国经济正处在由高速增长向高质量发展转变的阶段，结合全球提倡发展低碳经济的诉求和我国要实现的碳减排目标，科学利用和管理土地资源，实现土地利用的生态效益与经济效益的“双赢”，既是可持续发展的内在要求，也是实现可持续发展的重要途径。

2.2.2 “环境库兹涅茨”理论

经济增长与环境质量两者的关系一直是环境经济学者们关注的热点问题。有关两者关系的研究，较为著名的是“环境库兹涅茨曲线”（Environmental Kuznets Curve，EKC），它是美国经济学家库兹涅茨提出的反映人均收入水平与分配公平程度关系的一种观点，描述了收入不均通常随着经济增长呈现“先升后降”的“倒U形”曲线变动状态。20世纪90年代以来的实证研究中，越来越多的学者发现，当一国经济发展水平较低时，其环境质量是好的，但随着人均收入的不断增加，环境污染会越来越严重；但是环境污染不会永远持续下去，达到某一临界点或拐点后，随着人均收入的进一步增加，环境污染会逐渐趋缓，环境质量不断得到改善，即也呈现“倒U形”的特征（如图2.1所示）。

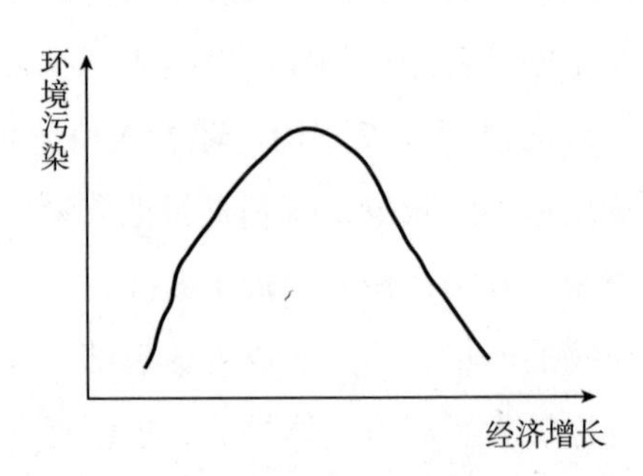

图2.1 环境库兹涅茨曲线

随着更多学者对环境质量与经济增长关系的深入探讨，EKC 理论解释不断丰富，包含以下几个方面：①经济增长通过规模效应（Scale Effect）、技术效应（Technical Effect）与结构效应（Structural Effect）三种途径影响环境质量（Grossman，Krueger，1993）。其中，规模效应是指经济增长需要加大资源投入规模的同时也引发污染排放规模的增加。技术效应是指经济增长为技术创新奠定了良好的物质基础，经济越发达的国家越重视科技研发投入。科技进步即全要素生产率提高，改善资源利用效率，生产的环境负影响减弱；或者是清洁低碳技术取代高能耗高碳技术，降低了污染排放。结构效应表现为先是农业比重下降，能源消耗密集型的工业比重上升，污染排放程度加剧，然后是工业比重下降而资本密集型产业比重上升，污染水平下降，环境质量改善。这一过程可以概括为：经济发展初期，规模效应大于技术和结构效应之和，环境质量呈现恶化趋势（佘群芝，2008；李武，2011）；经济发展后期，技术和结构效应总和大于规模效应，环境质量趋好。②美好环境需求。当人们贫困时，基本生存的需求要远远高于环境质量需求；而收入水平提高后，注重追求环境优美的高端品质生活，愿意为环境友好产品支付代价，消费结构的演化也有利于减缓环境恶化。③环境规制。伴随经济的增长，环境改善多数源于严格的环境规制。环境规制是指规范环境标准、排污申报登记、限期治理、排污收费、环境影响评价、公众参与等一系列活动，意在保护环境、防止污染的规章制度的总称。从健全环境保护立法到完善环境保护组织机构，从认定污染源、污染者（企业或个人）到评估污染损害，随着一国或地区对环境污染监管能力和治理能力不断增强，经济结构调整有利于环境的改善，经济趋向低环境成本发展。④市场机制。市场机制随着经济的发展不断完善，自然资源通过市场机制的调节得到有效利用，环境恶化逐渐减缓。经济发展初期，需要消耗大量自然资源，其存量不断减少；当经济发展到一定阶段后，自然资源价格因其稀缺性而不断攀升，进而需求降低且利用率提高，环境质量得以改善。此外，市场参与者也积极采取有利于环保的行动，如金融机构拒绝向重污染企业发放贷款。⑤环保治理投资。环保治理投资是环境质量得以改善的资本保障和重要条件。从资本用途角度来看，企业的一部分资本用于商品生产，另一部分用于治理生产附带的污染。收入较低时，所有的资本都用于商品生产，污染问题得不到解决，环境质量恶化；收入提高后，一部分资本从生产中抽离出来用于减污，环境质量提升。减污投资从无到有、从少到多的过程促成环境污染与收入增长之间的“倒U形”关系。总之，在经济不断增长过程中，环境质量因产业结构的调整、清洁技术的推广应用、环保需求的增强、环境规制的实施等因素的综合作用先下降后改善，呈“倒U形”变化。

关于碳排放是否存在普遍意义上的环境库兹涅茨曲线，国内外学者以不同地域为研究对象加以验证。结论可以分为以下三类：第一类是验证了EKC假说。如Miah等（2010）通过对孟加拉国温室气体排放EKC假设的验证，解读了该国减缓气候变化的政策理解，结果表明，在大多数情况下，SO_2遵循EKC的全部轨迹，CO_2对经济的响应遵循一条单调的直线，而NO_x只显示了发达国家获得低收入转折点的希望。Hiroki Iwata等（2012）采用自回归滞后协整方法对11个OECD国家的CO_2排放量的EKC进行实证研究，研究结果表明，大多数国家的能源消费对CO_2排放都有积极的影响，而芬兰、日本、韩国和西班牙估计的长期收入系数及其平方都满足EKC假说。李春花和孙振清（2016）基于似不相关模型（即SUR模型）对中国、日本、韩国三国1965～2011年的数据进行分析，发现三国都存在关于碳排放的EKC，而且经济增长是碳排增加的最重要的驱动因素。日本和韩国分别在1991年和2007年达到人均碳排放的峰值，而中国尚未达到“拐点”。第二类是否定EKC假说的存在。如Du等（2012）、王美昌等（2015）的研究分别探讨经济发展、技术进步、产业结构变化、贸易开放强度与碳排放的关系。结果没有证实EKC假说。王艺明和胡久凯（2016）运用CCE估计方法，研究发现中国各省份碳排放轨迹呈单调递增的线性形态，同样否定了EKC假说。第三类是混合型结论。邹庆（2015）运用门限回归方法对中国1995～2011年30个省份的面板数据进行了分组，然后对比各组的EKC曲线，发现各组CO_2排放与收入之间均为“倒N形”。吴金凤和王秀红（2017）通过对比宁夏盐池县和山东平度市的农业碳排放环境库兹涅茨曲线（EKC），发现处于农业经济增长初期的盐池（农业碳排放EKC处于“倒U形”曲线的上升阶段）的碳排量远小于处于经济增长后期的平度（处在曲线的下降阶段）的碳排量。

通过文献梳理可知，经济发展程度不同的国家、地区，EKC曲线呈现不同的形态特征，发达国家呈现“倒U形”曲线的概率更高。关于中国EKC曲线的研究表明，不同的区域因处于不同的经济发展阶段，采取不同的环境政策以及环境

监管力度，市场机制完善程度不同，EKC 曲线呈现“U 形”“N 形”或“倒 N 形”的不同特征。

2.2.3 隧道效应理论

低碳经济（Low – Carbon Economy）是在可持续发展理念指导下，通过技术创新（Technological Innovation）、制度创新（System Innovation）、产业转型（Industrial Transformation）、新能源开发（New Energy Development）等多种手段，减少化石高碳能源消耗，进而减少 CO_2 等温室气体排放，达到社会经济与资源环境协调发展的目的。很多学者研究发达国家碳排放与工业化进程关系，发现其碳排强度与 GDP 增长关系符合 EKC 假说，环境污染的 EKC 拐点出现在 20 世纪 30 年代左右，发达国家经济增长的驱动力早已由高碳能源消耗转化为科技创新。低碳发展的“隧道效应”思想是指经济发展如同翻山活动，如图 2.2 所示，实心曲线表明许多发达国家的经济增长基本上越过了“碳山”顶点，碳排放强度呈下降趋势，碳排轨迹呈山状。而发展中国家则处在经济增长爬坡阶段，碳排放依然会增加。但是面临极端气候给社会经济带来的众多不利影响，发展中国家不能也不应该沿袭发达国家“翻山”的老路子，而是另辟蹊径去“穿山”，在半山腰开辟隧道谋求捷径穿行，即通过资源优化配置和科技创新达到预期的经济增长目标，同时付出较低的碳排污染环境的代价。

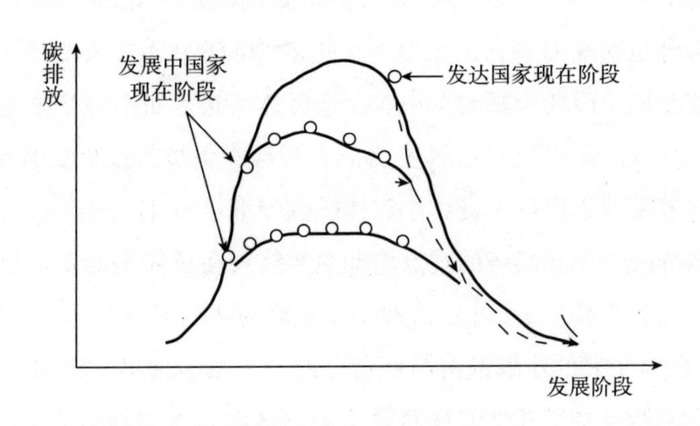

图 2.2 隧道效应理论

2.2.4 农户行为理论

从经济学的角度看，农户行为是指在农业生产活动和个人生活中的选择决策。农户生产行为涉及经营投入、种植选择（王洪丽，2018）、资源利用和技术应用等方面。目前，学术界有关农户行为的研究呈现出多样化的特点，第一类是农户是否为理性，第二类以计划行为理论为指导。

2.2.4.1 农户的理性与非理性

从农户是否理性这个角度看，学术界主要分为三派：以美国经济学家舒尔茨为代表的形式经济学派、以苏联经济学家恰亚诺夫为代表的实体经济学派和以加州大学洛杉矶分校的黄宗智教授为代表的历史学派。

舒尔茨向来反对“重工轻农”的观点和做法，他认为选对发展模式，农业照样可以成为国民经济增长的原动力。他在《改造传统农业》一书中指出，小农并不愚昧，是理性的小农、极具效率的小农，在购买生产资料时会比较多方的市场价格，在雇工前会比较自己的劳动价值和市场工资，时刻以利润最大化为决策依据，实现生产要素的最优配置。因此，改造传统农业关键是向小农提供便利的农业生产要素。

与舒尔茨意见恰恰相反，恰亚诺夫认为小农是保守的、非理性和低效率的。他在代表作《农民经济组织》一书中，构建了农户行为模型，基于“边际主义劳动—消费均衡理论”和“生物学规律的家庭周期说”论述了农户进行生产劳动主要是为了满足家庭消费支出，而不是追求利润最大化。如果是理性的小农，当农场边际效益低于市场工资时，小农会选择休闲娱乐而不是辛勤生产；但是更多小农是在所得收入足以应对家庭生活消费和教育健康开支时，才会停止劳作，否则即使边际效益低于市场工资，小农依然选择继续劳作。

黄宗智教授关于小农经济的观点论证主要体现在三部代表作，分别是《华北的小农经济与社会变迁》《长江三角洲小农家庭与乡村发展》和《中国的隐性农业革命》。他在《华北的小农经济与社会变迁》一书中指出，1930 年，华北农村的小农经济突出特点是经营性农场发展不足、贫农家庭农场“内卷化”，经营性农场中的劳动力效率远高于家庭农场，许多家庭农场在劳动力边际收益率很低的情况下仍投入劳动力，这种不符合理性经营的行为实则是家庭农场在耕地不足的情况下为维持生计而做出的选择。在《长江三角洲小农家庭与乡村发展》一书中，他运用严谨的历史经验研究方法发现，长达600年的商品化和城市化发展没有改变农民家庭经营的“过密化”状态，而是后期乡村工业的发展缓解了劳动力过剩问题，小农的非农业收入的增加促使其总收入实现了实质性增长。在“隐性农业革命”带来的农业结构调整转型时期，农户家庭的经营核心地位应得到维护，而不是靠发展大农场，农户需要联合起来形成合作组织，实现农业生产的产供销纵向一体化，赚取产业链中的大部分利润。

综上所述，以舒尔茨为代表的学派相信小农是有效率的、理性的，以恰亚诺夫为代表的学派主张小农是低效率的、非理性的，以黄宗智为代表的历史学派的研究表明中国小农的行为选择既不能完全用最大化理论去解释，也不能完全用追求效用的消费理论去解释，而是深受地域经济发展水平的影响，经济发展的外部环境、制度环境会影响小农做出不同的选择。

2.2.4.2 计划行为理论

计划行为理论（TPB）是由 Icek Ajzen 在理性行为理论的基础上引入自我“行为控制认知”的概念而发展来的，具体包括个体态度、主观规范、知觉行为控制、行为意向和行为五大要素。其中，个体态度是指个体对采取某项行为所持有的赞成或不赞成的心理评价。积极的态度表明个体会接受发生特定行为；反之会拒绝发生。主观规范是指个体发生某项行为时所感受到的社会压力。其他个体或团体组织对此项行为的发生所抱有的积极或消极的态度。知觉行为控制反映个体过去的做事经验和预期阻碍（郁丹钦，2014），个体掌控的社会资源或自然资源越多、实施行动的机会越多、预期阻碍越少，则其知觉行为控制就越强，即行为意向越明显。行为意向是指个人采取某种行为的概率，意向越高，采取行动的可能性越大。行为是指个人实实在在采取某项行动。该理论认为主观意向是行为发生的关键因素，而个体态度、主观规范、知觉行为控制三个要素共同促成主观意向。以施用有机肥为例，假设农户 A 认为用有机肥有利于增加土壤肥力，这样的个体态度就是积极的、正面的。主观规范的意思是如果农户 A 施用有机肥，其他农户会持什么态度或看法，农户 A 是否会因为其他农户的赞成或不赞成的态度，而感到放松或压力。而且如果其他农户施用有机肥，则农户 A 施用有机肥的概率就会提高。知觉行为控制表现在假设农户 A 家里养了 20 头猪，那么猪粪就是他施用有机肥的资源，或者农田周边有个养鸡场，他能轻易买到鸡粪，距离近的养鸡场也是他施用有机肥的有利资源，而且农户A身体够强壮，这也是他能用有机肥的身体条件，那么，可以说农户A在施用有机肥这件事上资源条件充足，基本没什么障碍，对有机肥的养地效果又比较肯定。因此，他选择施用有机肥的概率很大，这就是知觉行为控制。总之，农户A愿意施用有机肥，并且有条件和有能力施用有机肥，那么他很容易就付出行动。换言之，当个体主观意愿和客观条件都有利于具备采取某项行为，而且不会因为社会的态度感到压力，那么行为发生的概率几乎是100%。计划行为理论对人类行为的剖解较为细致，也被很多学者用于不同领域的意愿或行为研究，如二胎生育意愿和生育行为差异（茅倬彦，2013）、渔民参与合作社行为机理研究（张高亮等，2015）、农户认知对农地转出意愿的影响（甘臣林，2018）、农户畜禽粪便综合利用行为（宾幕容，2017）、农户生活垃圾处理行为的影响因素研究（崔亚飞等，2018）、生态系统服务支付意愿（高琴等，2017）、技术采纳行为（张标等，2017）、环境友好行为（王学婷等，2018）等。

第3章　理论分析框架

3.1　农地的碳排与碳汇

农地兼具碳排和碳汇双重效应。《2016年IPCC国家温室气体清单指南》中列出了农业、林业和其他土地利用中的碳源排放和碳汇清除的分类，主要有林地、农地（这里是狭义的农地，即指耕地）、草地、湿地、牲畜肠道发酵和粪便管理过程中的排放以及土壤管理中的 N_2O 和石灰与尿素使用过程中的二氧化碳排放。基于此，本部分将具体围绕这几项分类展开碳源排放和碳汇清除机理分析。

3.1.1　耕地碳排

3.1.1.1　耕作环节的碳排放

农田耕作方式（免耕还是翻耕）、种植方式（连作还是轮作）以及播收过程农用机械的使用等都会产生碳排放。从耕作方式看，土壤本身是巨大的碳库，翻耕会破坏土壤团粒结构的稳定性，加快土壤有机碳的分解，加大土壤向大气中排放 CO_2 的数量。中国农业大学生物与技术学院研究表明，每翻耕1公顷的土地可以释放312.6千克的碳排量（谢淑娟，2013），比免耕方式增加27%～29%的 CH_4 排放（曹凑贵等，2011）。从种植方式看，无论连作还是轮作都有利于土壤固碳，但轮作固碳的效果是强于连作的。李小涵等（2010）基于黄土高原旱地土层研究表明，与休闲土层相比，苜蓿/玉米/小麦连作或是豌豆—小麦—豆禾轮作使土层有机碳提高47%～139%，长期苜蓿连作对于旱地而言是较为有效的土壤固碳措施。张鹏鹏等（2017）通过长期对棉花、小麦和玉米连作轮作试验发现，新疆干旱区实施棉花短期连作兼棉秆还田可以大大地增加土壤活性及有机碳含量，增强固碳能力。此外，农用机械绝大部分以柴油为动力，柴油燃烧也会产生温室气体。黄祖辉等运用分层—生命周期法测算浙江省 2011 年农用柴油排放量达到 635.6 万吨，占农业碳排总量的 57.9%。

3.1.1.2 灌溉环节的碳排放

农田灌溉会从灌溉方式（漫灌、滴灌、微灌等节水灌溉方式）、灌溉水量、灌溉时间、灌溉次数和灌溉能耗等多个方面影响碳排量。就灌溉方式而言，漫灌比滴灌、微灌等节水灌溉方式能更快地促进化肥分解，经过土壤的硝化和反硝化作用，释放更多的温室气体。就灌溉时差和灌溉水量而言，同一稻田长时间淹灌释放的 CH_4 和 N_2O 比间歇灌溉多 68% 和 59%。而在灌溉水量不变时，灌溉次数越多，土壤呼吸越频繁，释放的 CO_2 也越多。就灌溉能耗而言，灌溉耗电也是碳源之一，用电燃煤会导致温室气体的排放。

3.1.1.3 施肥环节的碳排放

化肥施用是 N_2O 的直接来源，这主要与氮肥中的氮元素有关。化肥施入农田分解后，会以有机氮或无机氮形态的铵盐或硝酸盐形式存在，在土壤硝化与反硝化细菌的作用下，使各种无机氮化合物变成亚硝酸盐，同时转化成 N_2O 等氮氧化物进入大气。石灰能够降低土壤酸性，促进作物生长，但是碳酸盐和重碳酸盐的溶解和释放过程伴随着大量的碳排放。尿素分解过程也会伴随着大量碳损失。据测算，每生产 1 吨氮肥，可以排放 13.5 吨 CO_2 当量的温室气体，包括肥料生产过程、运输过程与氮肥施入土壤后产生的水解、硝化与反硝化过程中产生的 CO_2、N_2O 与 CH_4 等。另外，化肥种类不同，碳排能力也不同。1 吨磷肥和钾肥的碳排系数分别为 636 千克、180 千克标准碳（陈舜等，2015）。另外，不合理的施肥、过量施肥不仅降低肥料的利用率、增加生产成本，也导致更多温室气体的排放。

3.1.1.4 施药环节的碳排放

2016 年，中国农药用量达到 174 万吨，其中新疆农药用量为 2.76 万吨，比 2015 年增长 6.8%。施药量和施药方式均会影响施药环节的碳排量。美国橡树岭国家实验室测得 1 千克化学农药能排放 4.9341 千克标准碳。据此，可测得 2016

年中国及新疆农药碳排量分别达到858.53万吨、13.62万吨。采取生物治虫技术可以减少农药用量，从而减少碳排放。

3.1.1.5　农膜使用环节的碳排放

农膜用后分解会产生碳排放。南京农业大学农业资源与生态环境研究所研究测得每使用1千克农膜，可产生5.18千克的碳排量。但也有学者发现，农膜与其他农作技术结合会减少碳排放。在干旱绿洲灌区的田间试验结果表明：在免耕方式下，一膜两用单作玉米比翻耕更新农膜的传统做法实现632千克/公顷的碳减排，减幅可达10%。因此，干旱绿洲灌区采取免耕并结合一膜两用，既可以减少白色污染，又可以减少碳排放。

3.1.1.6　秸秆处理环节的碳排放

秸秆处理方式不同，碳排放量就不同。秸秆燃烧显著污染大气，增多碳排放。根据环保部卫星遥感监测的露天焚烧数据测算，2015年我国秸秆焚烧量约为8110万吨，碳排总量约为3450万吨。相比不还田，秸秆还田可以增加土壤有机质，提供土壤固碳能力。胡发龙等（2016）研究了小麦间作玉米在免耕秸秆立茬、免耕秸秆覆盖和秸秆清收三种不同的秸秆处理方式下的碳排放，结果表明免耕秸秆覆盖（NTSI）方式土壤呼吸碳排量最少，可减少12.4%的碳排量。研究也发现免耕秸秆还田可以降低次年土壤碳排量，在一膜两用条件下，小麦留茬和小麦秸秆还田的碳排量降幅可达9.2%和10.1%。

3.1.2　畜禽养殖农地范围内的碳排

新疆畜禽养殖活动一部分分布于草地上，另一部分分布于规模化养殖用地上，畜禽养殖设施用地在《新疆统计年鉴》中归于其他农用地，也属于农地。通过调研发现，新疆大部分的养殖场区的粪尿没有达到理想的无害化洁净处理，这一部分的碳排放还是相当多的。故本书中畜禽养殖农地范围内的碳排放包括畜禽肠道发酵产生的碳排放和畜禽粪便管理过程中的碳排放两部分。肠道发酵碳排机理是饲料中的碳水化合物在动物胃肠内厌氧发酵形成“产甲烷菌”并合成CH_4气体排出。对畜禽粪便的存储时间、存储温度、湿度和氧气水平等条件进行干预和控制，可以不同程度地减少碳排放。Clements（2006）研究表明在牛粪浆中加入马铃薯淀粉混合发酵后，CH_4产量可由4230升增加到8625升，且对未经处理和发酵的浆料在储存过程中的气体进行不同程度的覆盖，例如秸秆覆盖、木盖和无盖，温室气体（CH_4、N_2O、NH_3）排放量在14.3~17.1千克CO_2当量范围内。在不同规模牛粪堆中掺入锯末也可以改变温室气体排放规律，有学者研究发现增大牛粪堆体有利于温室气体减排。

3.1.3 林地、草地、园地碳汇

全球林草生物量占陆地植被生物量的85%~90%（Dixon等，1994），贮存了陆地生态系统中80%的土壤碳（Canadell等，2007）。林草一方面可以通过光合作用实现碳汇，另一方面其凋零物覆盖于土壤之上，增加土壤固碳作用。据国家林业局估算，2009~2013年我国森林生物量碳库达到84.3十亿吨。不同种类的林草固碳能力也有较大差别。以新疆为例，针叶林的植被碳密度平均为13.81千克/平方米，土壤碳密度均值为37.831千克/平方米，荒漠河谷林的植被碳密度和土壤碳密度分别为2.98千克/平方米和9.48千克/平方米。同一林草种类，林龄草龄不同、生物量不同，固碳能力就有差别。林地、草地碳汇能力显著，而两者相比，固碳能力相差20多倍。

园地到底发挥碳汇作用还是碳排作用，学术界尚存在争论，有的学者认为园地中的果树有较强的碳汇作用，能力大小仅次于森林，也有学者认为当前林果业种植过程中，存在化肥、农药高依赖，由此产生的碳排放也是巨大的，不是林果本身碳汇功能能抵消的，如吴婷等（2011）研究指出，试验结果表明苹果树的碳储存并不能补偿苹果园因管理方式产生的碳排放。有人认为园地已经变成碳源了。

3.1.4 农地类型转换的碳排效应

众多研究表明，土地利用类型的变化能引起碳排的增减变动。一块土地的固碳能力通常包括土壤层固碳、地上枯落物固碳和地上植被固碳三部分。土壤本身是一个巨大的碳库，土壤有机碳在温度、湿度等不同条件下发生矿化或是分解，构成了陆地生态系统碳循环即陆地与大气交换的重要组成部分（葛全胜等，2008；彭文甫等，2016）。土地利用类型不同，地上覆盖物生物量大小有差异，固碳能力各不相同。如通常处于中龄林的林带的地上生物量要高于同面积的草地

生物量，其固碳转化能力存在显著差异。同样一块土地，种植棉花、玉米等农作物和种植果林树木，两者的碳汇能力有天然差异，同时，对化肥、农药的需求量是不同的，必然影响碳排量。再从土地类型的一级分类看，建设用地、农用地和未利用地之间的相互转化也必然导致不同的碳排、碳汇效应（蔡苗苗等，2018；张苗等，2018）。建设用地是城市化发展的基础，建设用地不断扩张而使农地缩减，在一定的技术水平条件下，其承载的工业生产活动能耗以及城镇居民生活能耗增加，其总碳排量远远大于城市绿化的碳汇量。如李小康等（2018）的研究表明我国建设用地面积对净碳排的边际贡献为3.99，即每增加1%的建设用地，净碳排将增加3.99%。从农地内部结构的转变看，林地、草地转为耕地或园地，通常是碳汇减弱，碳排增强；反之则是碳汇增强，碳排降低。耕地转为未利用土地如荒地或戈壁，碳排会减弱，许多研究认为由于缺少了农业生产活动的干扰，未利用土地更多地发挥了碳汇功能（赖力，2010；张俊峰等，2014）。

3.2 农地碳排影响因素机理分析

土地利用类型或结构变化导致的碳排效应引起了众多国内外学者的关注，他们基于不同区域的土地或农地、运用不同方法对碳排影响因素进行分析和验证。运用的计量分析方法不同，得到的结论也不同。研究方法包括：灰色关联法、LMDI分解模型、STIRPAT模型、面板数据回归和灰色关联等。碳排放的影响因素归纳起来可能包含：经济发展水平、科技的进步、土地利用结构的调整、产业结构的调整、农业经济规模、人口规模、城镇化建设等（如表3.1所示）。

表3.1 碳排影响因素研究汇总

作者	研究方法	碳排促进因素	碳排抑制因素
张丽峰（2013）	STIRPAT模型	经济发展水平、能源消费结构	产业结构、能源利用效率
薛俊宁、吴佩林等（2014）	面板数据回归分析	经济发展	提升能源价格、优化产业结构、技术进步
刘宇、吕郢康等（2015）	投入产出法	能源投入、人口增长	技术改进

续表

作者	研究方法	碳排促进因素	碳排抑制因素
唐德才、吴梅（2015）	灰色 GM（1，1）及 LMDI 分解法	人口增长、经济增长	能源效率提升、产业结构调整
李俊、董锁成、杨义武（2016）	STIRPAT 模型、PLS 和 Path 分析	人口规模、城市化率、电力燃气的生产与供应	能源效率
何艳秋、戴小文（2016）	对应分析和面板模型	农业结构调整、农业机械化、农业经济发展水平	有机农业、农业技术进步
樊高源、杨俊孝（2017）	改进灰色关联度模型和 EKC 模型	建设用地规模、经济发展	能源利用结构和能源利用效率
杜宁宁、邱莉萍等（2017）	土壤样品采集、室内恒温培养——碱液吸收法	草地转为农地和灌木林地	土地类型转化
杨冕、卢昕等（2018）	CD 生产函数	规模效应	能源技术进步和要素替代效应；能源结构存在碳排放抑制的行业差异
王劼、朱朝枝（2018）	LMDI 和 Tapio	生产规模扩张	能源利用效率贡献度高，但农业产业结构贡献率偏低

资料来源：根据文献检索整理而得。

在已有研究结论的基础上，本书总结农地碳排的主要影响因素有农业经济发展、能源效率、科技创新、农业结构调整、劳动力因素、环境规制 6 个方面，并对其影响机理做细致阐述。

（1）农业经济发展。

农业经济发展或增长与碳排放关系也是低碳农业、低碳经济研究中热点之一，不少学者运用省级数据或某一区域数据验证两者是否呈现环境库兹涅茨曲线特征。研究结果因学者使用数据的时间序列长度或截面宽度而异呈现不同的结论，有的人认为两者关系呈“倒 U 形”，有的人认为呈“N 形”，有的人认为经济发展带来碳排放减少的拐点尚未出现。对于不同发展阶段的国家或地区而言，农业经济发展与农地碳排可能出现多种具体曲线形式。处于现代化农业发展初期阶段和中期阶段，农地碳排与农业经济规模会呈正相关，农业经济发展水平提高影响农地碳排增加的机理表现为：农业经济增长水平的提升依赖于经济规模的扩

大，比如耕地规模的扩大，从而引起化肥、农药、农膜、农用柴油等要素投入规模的扩大，形成碳排增加的规模效应。随着人口的增加和城镇化进程的加快，建设用地扩张，挤占农用地，建设用地对应的能源消耗增加，引发大量碳排。到现代化农业后期，整体经济处于发达阶段后，得益于技术的进步，碳排放强度会相应降低。低碳生产技术与高经济发展水平紧密相连，农业经济发展过程中，研发投入加大，推动农业生产技术进步，农业生产率提高，资源使用效率得以改善，降低单位农业产出的要素投入，进而降低单位产出的碳排放。如何让农业经济更快发展，达到碳排放的临界点，也成为低碳农业转型的重要驱动力。农业经济增长对碳排放的影响机理如图3.1所示。

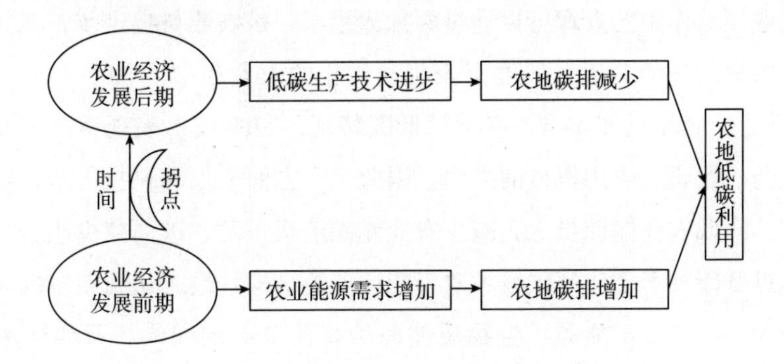

图3.1　农业经济发展对农地碳排的影响机理

（2）能源效率。

能源效率是指能源利用水平，可用能源投入量与利用能源生产的产品或服务的数量比值表示。而能源效率的提升依赖于制度创新、技术创新和管理机制创新。现代化农业在某种程度上是用机械作业代替传统手工生产作业，农业机械运作要消耗柴油或电力进行驱动，化肥的生产和运输过程也要消耗能源。当能源效率比较低下时，生产单位农产品的能耗就多，相应的碳排放就多；或者技术水平比较低的时候，更多消耗石化能源，引发碳排放增多。目前，欧盟发达国家依靠技术进步大力运用太阳能、沼气、生物质能源，大大减少了碳排放；而我国的能源效率水平相对偏低，同时经济发展需求对能源的消耗依然是扩张阶段，碳减排力度有限。在能源需求上升阶段，必须靠提升能源效率实现单位产出的能源投入，从而减少碳排放，两者的影响机理如图3.2所示。

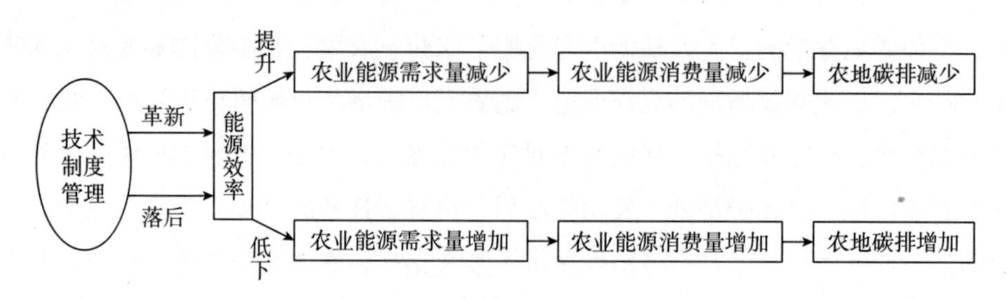

图 3.2　能源效率变动对农地碳排的影响机理

（3）科技创新。

科技创新是经济发展的引擎，是时代更迭的动力，是效率提升的源泉。科技创新在农业领域作用的发挥可以通过两种途径，一是农业科技进步，二是农业技术替代。农地碳排增多很大程度上表明现代化的农业是“石油农业”“化学农业”。农业生产技术进步本身不必然是低碳特征，很多技术表现为高碳特征，如化肥、农药、农膜、农用机械的发明。因此，一方面要依靠科技进步，提高能源利用效率，降低农业能源投入，减少农业能源消费强度，进而减少碳排放；另一方面是通过低碳技术替代高碳技术改善能源消费结构，最终达到碳排放减少的目的，如沼气能源、太阳能源、生物质能源等替代高碳的煤炭、石油能源（如图 3.3 所示）。

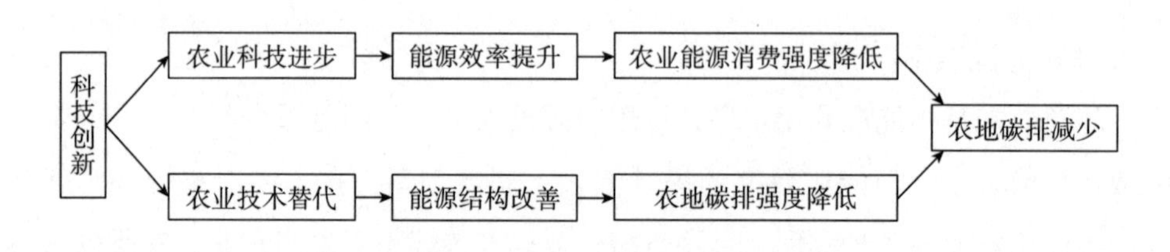

图 3.3　科技创新对农地碳排的影响机理

（4）农业结构调整。

农业结构调整包括产业结构调整和种植结构调整两方面。产业结构调整是指第一产业内部农、林、牧、渔、副的结构比例调整。畜牧养殖是碳排放的重要来源之一，增大牲畜养殖规模会导致碳排放增多。而增加林果种植或林木植被，则可以增加农地碳汇功能。渔业养殖中的藻类、贝类生物都可以通过光合作用吸收

碳元素，发挥渔业碳汇功能。从种植结构看，不同的农作物的碳汇碳排功能差异也比较明显，一般而言，农作物的碳汇功能受碳吸收率、含水量等因素影响。水稻种植会引发 CH_4 排放，而不同地区的早稻、晚稻和中季稻的 CH_4 排放系数也存在差异。像棉花、小麦和玉米这三类大田作物，通常对化肥的需求量比较高，因此引发的碳排量往往大于农作物自身通过光合作用吸收的碳汇量。农业结构调整对碳排放的影响存在地域差异，在一定程度上会抑制或增加碳排。比如中国东部地区因产业结构调整的碳排放要低于中西部地区（如图 3. 4 所示）。

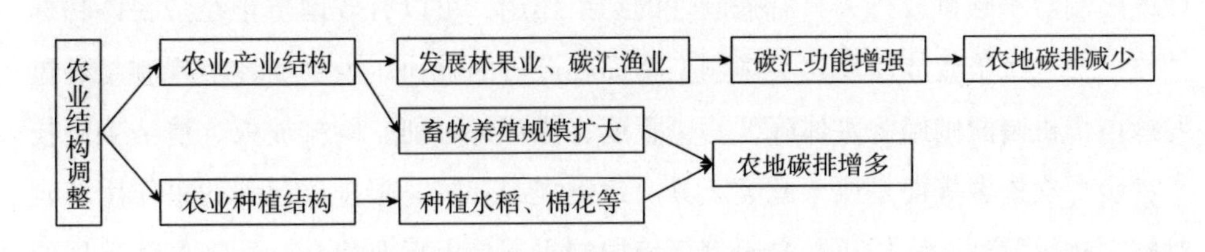

图 3. 4　农业结构调整对农地碳排的影响机理

（5）劳动力因素。

劳动力因素表现为劳动力数量和劳动力质量对碳排放的影响。随着人口的增长，劳动力规模相应地扩大，生产和消费需求都相应地增加，同时，对耕地需求增加，大量地毁林开荒、毁草开荒，植被被破坏，农业生态碳汇功能减弱；劳动力素质提升速度远远落后于数量增长速度，受教育程度普遍偏低、缺乏低碳环保意识，在农业作业过程中偏好采用高碳生产技术，引发农地碳排的增加。反之，如果劳动力增加受教育年限，接受农业灌溉、施肥、植保、农膜回收等技术培训，对农业生产与气候变暖关系有深刻的认知，则会偏向采用低碳生产技术，从而减少农地碳排，如图 3. 5 所示。

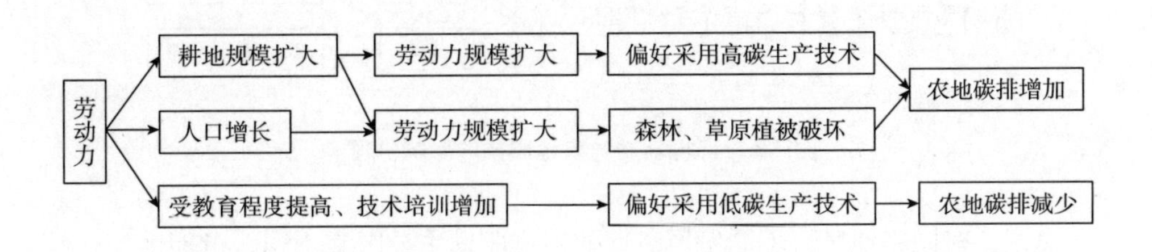

图 3. 5　劳动力对农地碳排的影响机理

（6）环境规制。

环境规制泛指为保护环境而制定的各项政策、法律法规和措施。环境规制是政府运用行政手段干预经济发展，确保环境不受毁坏，实现可持续发展的重要工具，是弥补市场失灵的重要途径。环境规制分为显性环境规制和隐性环境规制，而显性环境规制又分为命令型环境规制、激励型环境规制和自愿型环境规制。命令型环境规制是指立法或行政部门制定的限制经济主体作出破坏环境行为选择的法律、法规；表现为行业环保标准、规范，企业必须采用的技术标准等。命令型环境规制对于碳排放行为具有强制性的约束作用，可以有效地防止经济主体超标排放。一旦经济主体违反这类规制，将面临严厉的处罚。激励型环境规制是通过发挥市场机制激励经济主体降低污染程度；排污许可证、碳排放权、清洁生产技术进步专项资金等便是属于此类工具。这类规制有些对碳排放起到约束作用或者对减少碳排起到激励作用。自愿型环境规制主要是由行业协会、经济主体自愿履行的协议或承诺，如环境认证、低碳标签等。这类规制对经济主体的碳排行为选择约束力较弱一些。隐性环境规制主要指经济主体通过学习、反思形成的环保观念、环保态度和环保认知等，对经济主体的行为发挥着无形但重要的约束作用。经济主体（农户）的环保认知越多、环保意识越强，则越倾向于采取低碳生产技术，从而有利于农地碳排减少；反之缺乏环保意识的农户，不会在意自己是否采纳高碳技术，往往导致农地碳排增加（如图3.6所示）。

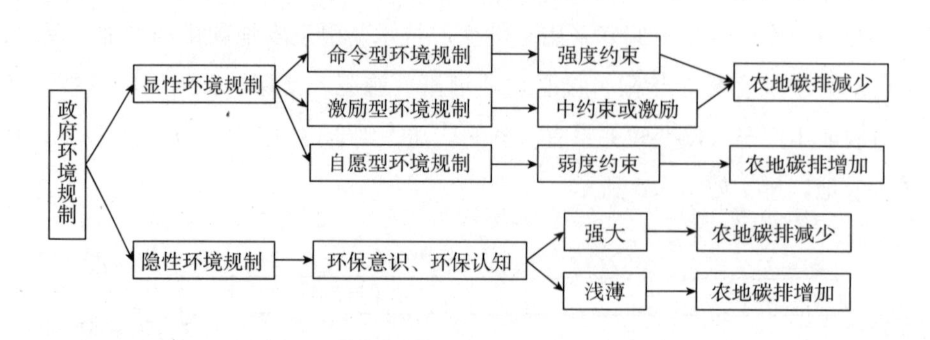

图3.6　环境规制对农地碳排的影响机理

总之，对同一地区，不同发展时期的碳排驱动主导因素不同，可能由产业结构调整驱动向经济增长驱动演化，也可能是经济增长驱动向环境规制驱动演化；

而同一时期，对于不同地区的碳排主要影响因素也不同，主要受地区资源禀赋条件、产业结构调整政策、能源利用效率等因素影响。总之，无论是农地碳排还是整体土地资源的碳排都是多因素交织驱动的结果，要结合不同时期和不同地域做具体分析。

3.3 农地碳减排的驱动因素及其相互作用机制

本节主要分析农地碳减排的驱动因素及其相互作用机制，为什么要减少农地碳排？实现农地碳减排的内部动力、必要条件和微观基础是什么？这一小节尝试运用外部性理论、制度变迁理论、经济增长理论和交易费用理论进行推演分析，为后文进行碳减排制度设计建立一个理论框架。

3.3.1 减排承诺是农地碳减排的外部压力

外部性（Externality）理论认为：单个生产者或消费者的经济行为对社会上其他人的福利不产生影响，就不存在“外部影响”。如果单个消费者或生产者的经济行为对其他人产生好处，但没有因此获得相应的补偿，其私人利益小于经济行为带来的社会利益，这种性质的外部影响就是正外部性（Positive Externality）。反之，某个经济主体的活动给社会其他成员带来危害，却没有付出相应的成本，其活动付出的私人成本小于社会成本，这种性质的外部影响就是负外部性（Negative Externality）。

农地是农业生产活动的物质基础，农地碳排引发气候变暖，本质上属于环境问题。能否实现农地碳减排具有典型的外部性特征。具体分析如下：假设农户 M 的农地利用活动呈现高碳特征，那么碳排增多加剧气候变暖，会导致其他经济主体的利益受损，从而表现出“负外部影响”；反之，农户 N 因采取低碳生产技术实现碳减排，对减缓气候变暖做出贡献，则表现出“正外部影响”。当“负外部影响”不断累积超过“正外部影响”时，全球气候变暖会愈演愈烈造成不可估量的后果。环境负外部性问题的解决通常存在市场失灵，西方经济学家主张运用“庇古税、补贴、赋予产权、公共管制”等措施加以解决，这些措施本质上就是创立新制度对人类经济活动进行约束和干预，农地碳排的约束恰恰是源自国际社会为应对气候变暖而建立的一系列规章制度。

自1988年联合国气候变化委员会（IPCC）成立以来，国际社会多次商讨应对全球变暖的责任分配和各国的减排目标，先后通过了“联合国气候变化框架公约”“京都议定书”“哥本哈根协议”和“巴黎协定”等文件。这些约定性文件构成了约束各国经济发展的国际制度。其中，《京都议定书》是国际社会第一个具有法律约束力的减排法案，它规定了“联合履约”（JI）、“清洁发展机制”（CDM）、“排放权交易”（ET）三种促进发达国家减排的机制。《哥本哈根协议》是《京都议定书》的后续方案，主张依据各国GDP大小分派CO_2减排任务，并倡导发达国家向发展中国家，特别是受气候变化影响显著的小岛国、受沙漠化或洪水影响颇大的非洲国家等提供资金援助。遗憾的是由于各国分歧过大，该草案最终未获通过。《巴黎协定》（2015）制定了“本世纪全球平均气温升幅控制在2℃以内、全球气温上升控制在前工业化时期水平之上1.5℃以内”（The global average temperature increase in this century is controlled within 2℃, and the global temperature rise is controlled within 1.5℃ above the pre - industrial level）的目标，并明确了各国的减排指标，形成一种硬约束，这一协议也是继《京都议定书》之后的第二个有法律约束力的国际协议。这一协议的生效促使各国政府、地区、企业、公民等将为削减气候变暖威胁做出具体化、定量性的努力，也是人类历史上基于合作基础共同解决气候问题的里程碑。我国政府于2016年9月成为《巴黎协定》第23个缔约方，对2030年要实现单位GDP的碳排强度、非化石能源消费比重、森林蓄积量等目标作出郑重承诺。这一目标的实现要求全国建立低碳产业体系，农业方面要大力发展低碳循环农业，化肥农药减量化、畜禽规模养殖粪便实现资源化利用等，以减少农田和养殖环节的N_2O等温室气体排放，并充分发挥森林、草地等生态系统的固碳增汇作用。可见，我国政府对国际社会的减排承诺是驱动我国大力发展低碳农业、低碳化地利用土地的外部压力。

3.3.2 低碳生产技术是农地碳减排的必要条件

新古典经济增长理论认为技术进步是经济增长的源泉，是经济增长的内生变量和决定性因素。马克思的政治经济学也论证了技术进步是推动经济、社会发展的重要因素。农地开发利用过程严重损害了生物多样性，农地开垦、森林砍伐引起植被减少、很多生物物种濒临灭绝；化肥、农药平均利用率只有20%～30%；大水漫灌加剧了水资源短缺；种养分离导致每年约7亿吨农作物秸秆被废弃或焚烧，约18亿吨畜禽粪便得不到有效利用。另外，农业生产对能源消耗需求越来越高，农牧产品的种植或养殖、加工、运输和储藏过程中，消耗了越来越多的电力、石油和煤炭等能源。现代农业生产过程引发的碳排放问题日趋严重，那么，现代农业发展要实现由高碳向低碳转变，在不影响农业经济发展的前提下最大限度地减少温室气体排放，就必须依赖技术进步，农地碳减排需要借助一系列的低碳生产技术才能完成。低碳技术进步包括低碳技术的创新开发和推广应用两个环节。一方面是相关企业或科研部门对低碳技术的不断迭代升级做出贡献，另一方面是农户、合作社等农业经营主体在农地利用过程中对低碳生产技术加以推广、应用。

结合前文对农地利用过程碳源的解析，本部分着重梳理农地利用不同环节的低碳生产技术，分析其减排原理及预期效果，构建农地碳减排技术体系。

3.3.2.1 低碳耕作技术

不同的耕作方式、种植方式和耕作机械的使用都会引发碳排放，因此，对应的低碳耕作技术可以包括：①保护性耕作技术。保护性耕作技术是通过少耕、免耕、地表覆盖、合理种植等配套措施，减少土壤风化侵蚀并增加有机质，获得生态、经济和社会协调发展的可持续性生产技术。具体包括垄作少耕、免耕、覆盖耕作、配套沙化草地恢复和农田防护林建设。保护性耕作技术的核心是免耕，免耕一方面可以减少燃油消耗所引起的CO_2直接排放；另一方面则会导致土壤表层容重的增加，减少有机质分解，增强固碳效果。保护性耕作的固碳减排潜力大于常规耕作。②多采取轮作、间作、套作等种植方式。轮间套作有利于保持土壤营养成分平衡、充分利用空间、节约土地资源、防御循环式病虫害、调节有机质含量、稳产增收和固碳减排。③使用节能高效的耕作机械。节能高效耕作农机包括深松农机、浅松除草农机。推广应用节能农机可有效地减少化石能源投入和人工投入，保证生产效率，同时降低碳排放。

3.3.2.2 低碳灌溉技术

不同的灌溉方式和灌溉用水量对土壤的呼吸固碳、排碳的影响作用较为复杂，应该结合不同品种的农作物采取适宜的灌溉技术。总体而言，膜下滴灌、喷灌、沟灌等比漫灌的土壤固碳效果好。灌溉频率越多、时间越长、耗电量越多，碳排放越多。因此，低碳灌溉技术包括：①节水灌溉：应用膜下滴灌、喷灌、膜侧沟灌等技术，提高水资源利用效率，保护土壤结构稳定。②培育抗旱节水品种：通过基因改造，培育抗旱节水农作物，减少水资源投入，实现低碳目标。③减少灌溉能耗：通过建立合理的灌溉制度，比如制定灌溉定额、限定灌溉时间和次数，减少灌溉能耗，尽量使用节能灌溉机器。

3.3.2.3 低碳用肥技术

用肥方式、用肥种类和用肥数量都会直接或间接地影响农地碳排，因此低碳用肥技术包括：①推广应用测土配方施肥和水肥一体化。测土配方施肥是根据土壤营养元素含量状况实现精准施肥，简单地说，就是缺啥补啥。水肥一体化是将肥液与灌溉用水一起加入滴灌带，均匀、定时、定量地灌溉，水肥直达作物根系，起到节水、节肥、增产、减碳功效。②化肥和有机肥配施。根据不同作物养分需求，选择化肥与有机肥配施，增加有机肥用量，实现化肥减量化，从而达到减少氮氧化物等温室气体排放。有机肥可以是堆肥（以秸秆、落叶、人畜粪便及泥土为原料按比例混合发酵腐熟而成）、厩肥（畜禽尿粪与秸秆垫料沤堆制成）、沼气肥（沼气产后的沼液和沼渣）、绿肥（以绿豆、蚕豆、苜蓿等野生绿色植物为肥料）、饼肥（菜籽饼、棉籽饼、豆饼等）、泥肥（没有污染的塘泥、湖泥、河泥等）或商品有机肥。

3.3.2.4 低碳用药技术

低碳用药技术就是在保证农作物产量和治虫效果的前提下，通过各种手段、方式减少高毒、高残留化学农药的使用。具体做法包括：①采用病虫害物理防治技术。引进害虫的天敌，以虫治虫。②采用生物农药。生物农药非化学合成，而是利用真菌、细菌、昆虫病毒或转基因生物等抑制或灭杀农业害虫。其最大的优点就是对自然生态环境安全，无污染、低毒、无残留、持效时间长。③规范用药操作。科学合理地使用农药，按说明书勾兑比例进行配药，不是肆意增量施用。根据不同的虫害，选择恰当的时间喷药，如防治棉铃虫、水稻螟虫等最好的防治期间是卵块孵化顶峰期，避免药效挥发失当。

3.3.2.5　低碳用膜技术

农膜分解释放温室气体，但是采取回收方式或与其他耕作技术结合能提升土壤固碳能力，因此，低碳用膜技术包括：①地膜循环使用（或叫一膜两用）。一膜两用是收割秸秆后不揭膜、不翻耕，第二年播种时，直接在前茬间隙扎眼播种。节省翻耕、收旧膜、铺新膜等工作，减少农膜投入，减少污染和碳排放。②光、生物可降解地膜（又称双降解地膜）。通过光或微生物作用实现地膜降解，减少塑料对土壤的污染，减少碳排放。③地膜覆盖与免耕、滴灌、垄作、施肥等技术结合，共同作用，以综合增加土壤固碳效果。

3.3.2.6　低碳用秆技术

农作物利用光合作用固定的碳会通过燃烧释放到大气中，因此，焚烧秸秆直接导致碳排放增多，而相应的低碳用秆技术是秸秆资源化利用，具体包括：①秸秆能源化：用秸秆产沼气、秸秆炭化、秸秆发电。②秸秆饲料化：借助一定量的化学试剂或以乳酸菌为主的微生物作用使秸秆发酵，软化秸秆粗纤维，提高饲料可口感。③秸秆肥料化：将秸秆覆盖还田、快速腐熟还田、稻麦双套还田、堆沤还田，或作为原料生产商品有机肥。

3.3.2.7　低碳养殖技术

畜禽养殖排放的 CH_4 和 N_2O 来自肠道发酵和粪肥处理，则相应的碳减排措施要改善反刍动物胃肠发酵、对尿粪进行能源化、肥料化、无害化处理，具体的低碳养殖技术包括：①改良饲料结构：饲料的主要成分之一是蛋白质。研究表明，猪、鸡饲料中蛋白质的含量每降低1%，养殖场中 N_2 的释放量就会降低10%~20%。一是通过加入蛋白酶等消化酶制剂和胡索酸、柠檬酸、乳酸、丙酸等有机酸制剂，都能显著提高蛋白质的利用率，有效减少温室气体的排放。二是均衡搭配，改善饲粮精粗比例，有助于畜禽对蛋白质的吸收，直接达到减排目的。②畜禽粪便制成沼气：畜禽尿粪在沼气池中经微生物发酵后就可以产生沼气。沼气是一种可燃烧的清洁能源，可避免 CH_4、H_2S、CO 等气体向环境中直接排放。而且剩余的沼液和沼渣含有丰富的营养物质，可做肥料和饲料。③畜禽粪便饲料化：动物粪便中会残存未被吸收的营养物质，将其二次利用，可减少粪便的大气污染和水体污染。如日本用蒸煮鸡粪脱臭法喂猪技术已经获得专利；以色列广泛使用鸡粪垫草喂肉牛；德国、美国普遍用20%~30%的鸡粪发酵饲料与其他饲料配合来喂牛羊。猪粪是极好的喂鱼饲料。发酵牛粪可作为猪食增重的饲料。④畜禽粪便肥料化：将动物粪便混合生活垃圾、枯枝烂叶、秸秆等混合发酵，加入 P_2O_5、KCl、NH_4Cl 等氮磷钾原料，最终制成颗粒状的有机肥。既能促进废弃物利用又能降低肥料成本，直接或间接地减少碳排放。值得注意的是，组建有机肥生产线（如图 3.7 所示）需要考虑当地土壤条件、种植结构、农作物品种、生产的自动化程度、市场容量等多项因素，否则盲目引进设备扩大规模不但不能带来经济效益，还可能加剧温室气体排放。

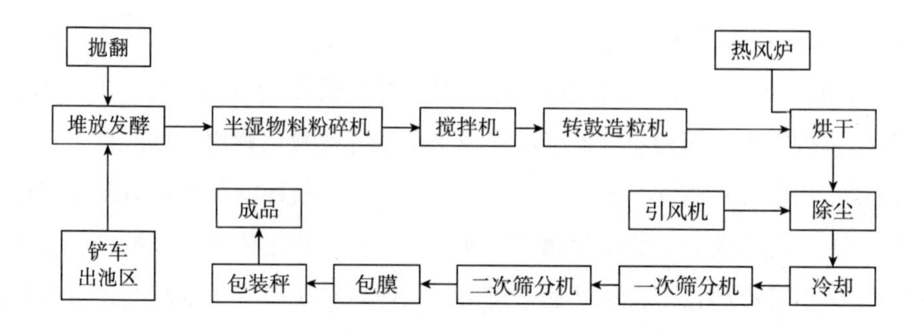

图 3.7 有机肥生产工艺

3.3.2.8 林草保护技术

林草碳汇功能显著，必须加强林草生态系统的保护。因此，相关的技术包括：①退耕还林还草：坡耕地、低生产率耕地退耕还林种草、荒山荒地造林种草，提高植被覆盖率，防止水土流失，改善土层结构，提升植被土壤固碳量。②林草生态修复：加强林草生态系统日常保护工作，及时修复、补种受损林草，解决农田防护林断带问题，增加河道、陡坡林草密度等。

3.3.3 利益满足是农地碳减排的内部动力

根据理性经济人假设，农户追求利润最大化，农户是否愿意采取碳减排生产技术取决于前后收益的比较，具体表现为以下三种情况：一是采纳碳减排生产技术前后的收益不变，则农户很可能在一段时间后停用该类技术。原因在于低碳生产行为较之于高碳生产行为，需要更多的要素投入，比如时间投入、精力投入和

人力物力投入等，没有农户愿意接受投入增加而收益不变的结果；所以更多的投入没有带来令人满意的收益时，必然导致经济主体理性地回归到原来的高碳生产方式上去，最终也无法实现农地碳减排。二是采纳碳减排生产技术后的收益减少。收益减少是经济主体最不想要的结果，必然打击其行为意愿，自然不会轻易采纳。三是采纳碳减排生产技术后的收益增加。只有这种情况下，经济主体才会有意愿、有动力长时间地采纳碳减排生产技术，甚至主动收集相关技术，顺利地实现农地碳减排。

经济学家西奥多·舒尔茨认为，传统农业中的小农并不是慵懒愚昧的，而是充满理性的，在有限的资源条件下会寻求高效率的选择。利益诉求得到满足才是农户选择低碳生产行为的内在动力。当单个农户为追求短期利益选择高碳生产行为，不仅对气候资源有负面影响，损害长期利益，也使其他农户利益受损，破坏集体利益。而当农户选择低碳生产行为，在原有的利益分配制度下，其自身利益受损，但其行为对气候产生正面影响，也增加了整个社会的福利。每个农户的生产行为及其行为结果都不是独立的，共同受到气候变化影响，他们是绝对的利益相关者，其技术选择偏好会相互影响。因此，单个农户是否选择采纳低碳生产技术存在“囚徒困境”。下面运用博弈理论分析农户采纳碳减排技术的内在机理。

如表3.2所示，假设M、N农户的行为是完全理性的，面对相同的市场环境和气候环境条件，农户间的交往是随机的，信息彼此对称，可自由地选择技术偏向，一方的技术选择会对对方的决策形成影响。P_1代表双方都选择采纳低碳生产技术时的市场利润，P_4代表双方都选择高碳生产技术时获得的市场利润；两方选择不一致时，P_2代表低碳技术采纳方获得的市场利润，P_3代表高碳技术采纳方获得的市场利润。在博弈过程中，由于每个农户都要承担气候变暖引发的种植失败风险及其相关成本，且新技术推广应用初期，采纳低碳生产技术往往比采纳传统高碳生产技术付出更多学习时间、非货币性成本和资金成本，因此，高碳生产技术采纳方的利润空间更大且高于双方都采纳低碳生产技术时的利润，鉴于气候这一公共物品的外部性特征，采纳高碳生产技术的农户能够谋取更多额外利益，而低碳生产技术采纳方利益得不到满足。当双方都选择采纳高碳生产技术时，双方不存在合作利益，致使碳排放增多、气候变暖程度加剧，双方利润都是最低水平。根据以上分析，四种技术偏好情况下利润大小排序为：$P_3 > P_1 > P_4 >$

P_2，构建M、N农户生产技术偏好博弈的利润矩阵如下：

表3.2　农户技术偏好博弈的利润矩阵

	N农户采纳低碳生产技术	N农户采纳高碳生产技术
M农户采纳低碳生产技术	P_1，P_1	P_2，P_3
M农户采纳高碳生产技术	P_3，P_2	P_4，P_4

不同情况的博弈选择分析：①博弈一次。情况1是：当M农户采纳低碳生产技术时，N农户有两种选择。当N农户采纳低碳生产技术时，两者可获得相同的市场利润水平，即（P_1，P_1）。情况2是：假设M农户并不知道N农户的技术偏好而选择了低碳生产，则其利润空间缩小，结果为P_2；而N农户因“理智”地采纳了高碳生产技术并获取较高的利润水平（P_3），结果变成（P_2，P_3）组合。情况3是：与情况2正好相反，当M农户采纳高碳生产技术、N农户选择低碳生产技术时，利润结果是（P_3，P_2）。情况4是：当双方都选择采纳高碳生产技术，则两者得到较低的利润水平（P_4，P_4）。综上，双方在“理性思维”支配下，期望维护自身利益最大化，结果都选择了高碳生产技术，却得到（P_4，P_4）的利润结果，不仅两方双双失利且对社会整体福利水平造成损失，即出现“囚徒困境”。②博弈多次。M、N农户单次博弈时，只关心一次短期利益；但如果基于长期利益进行若干次重复博弈，他们会形成不同的均衡策略。故而假设：M、N农户有重新做决策的机会，且已经做出的博弈选择能被观测到；n次博弈利润之和可加总。已知一次博弈的纳什均衡是（P_4，P_4），即M、N农户都选择了采纳高碳生产技术。假设农户知道要进行先后两次同样的博弈，总收益为两次博弈利润结果之和，则利润矩阵如表3.3所示。M农户在第一次博弈中选择了采纳高碳生产技术，那么在进行第二次博弈时，N农户基于自身利益保护会同样采纳高碳生产技术；M农户也会这样做，第二次博弈均衡解仍为（P_4，P_4）。只要是有限次的博弈活动，“理性”驱动下M、N农户依旧选择高碳生产技术。只有在重复博弈无限次数情况下，M、N农户才会有充分的时间和耐心反思自己的技术选择，最终意识到采纳低碳生产技术才是最好的结果。

表 3.3　农户两次重复博弈的利润矩阵

	N 农户采纳低碳生产技术	N 农户采纳高碳生产技术
M 农户采纳低碳生产技术	P_1+P_4，P_1+P_4	P_2+P_4，P_3+P_4
M 农户采纳高碳生产技术	P_3+P_4，P_2+P_4	$2P_4$，$2P_4$

以上分析表明，基于利益需要，农户不会主动自觉地选择低碳生产技术。要实现农地碳减排，必然需要一套新的“农地碳减排制度”予以保障。制度是各经济主体需要遵循的规则、服从的程序或行为规范，是对经济主体之间的合作或竞争方式的安排，表现为一系列的政策集合。制度存在或制度安排使得相关经济主体获得结构外不能得到的额外收入，继而改变经济主体之间的合作或竞争关系。新制度的供给影响着收入的重新分配和资源配置效率。农户碳减排技术采纳困境解决的关键在于满足农户的利益诉求，那么通过建立新制度，比如利用低碳生产技术采纳补贴的激励政策或限制高碳生产技术采纳的约束政策对现有博弈进行干预，进而影响农户的决策。在新的碳减排制度下，农户开展低碳生产的经济利润包括三部分：一是政府奖励选择低碳生产方式的补贴收益 r_1，二是低碳农产品在市场上销售可获得的超额利润 r_2，三是减少的碳排量通过碳交易市场获得利润 r_3，则博弈利润矩阵如表 3.4 所示：

表 3.4　碳减排制度建立后农户博弈的利润矩阵

	N 农户采纳低碳生产技术	N 农户采纳高碳生产技术
M 农户采纳低碳生产技术	$P_1+r_1+r_2+r_3$，$P_1+r_1+r_2+r_3$	$P_2+r_1+r_2+r_3$，P_3
M 农户采纳高碳生产技术	P_3，$P_2+r_1+r_2+r_3$	P_4，P_4

在原博弈中，$P_3>P_1>P_4>P_2$；则当 $r_1+r_2+r_3$ 足够大时，$P_2+r_1+r_2+r_3>P_4$，即双方都选择低碳生产技术能够弥补相关“损失”，即实现均衡解，达到帕累托最优。可见，需要调整农户间收益来化解他们的“囚徒困境”，具体而言就是构建合理的农地碳减排制度政策体系（如有机肥补贴、低碳产品认证制度、碳排放权交易机制等），给予农户行为选择空间，通过有效的激励或约束，满足其利益诉求，加大其进行低碳生产的内生动力，从而实现农地碳减排。

3.3.4 农户组织化是农地碳减排的微观基础

农地碳减排最终需要农户在农业生产生活中完成。农户是农业低碳发展最广泛的参与主体，必然构成农地碳减排最基本的微观基础。然而单个农户力量分散、薄弱，为了更好地推动农地利用碳减排，需要将农户联合起来，提高其组织化程度，为农业低碳发展打造坚实的组织基础。农户组织化有利于统一决策、统一技术，增大可用资金规模，促进生产要素的优化配置，发挥农地碳减排的规模效应。农户组织化对农地碳减排促进作用主要体现在以下几个方面：

3.3.4.1 减少交易费用

市场经济使得经济增长方式和资源配置方式发生了极大改变，我国农业经济的增长很大程度上得益于改革开放后三十多年市场经济的发展。交易费用理论（Transaction Cost Theory）观点认为市场运行的供求机制、价格机制、竞争机制、激励机制等是有成本的，制度的设计、应用及变更也是有成本的，交易费用会深刻影响着制度的产生。交易费用是完成一项交易所耗费的货币成本和非货币成本（比如时间），具体包括发现价格成本、信息收集成本、谈判成本、履约成本、违约成本等。在一定程度上，交易费用是由市场失灵（Market Failure）造成的交易困难引起的。市场情况的复杂性和随机性导致交易主体有限理性和投机主义，加之交易方信息不对称、交易活动的风险性与易变性，交易费用由此产生。在以小农分散经营为主要特征大环境下，农户经营农业生产活动面临农产品生产、销售的季节性约束（Seasonal Constraints）、农用资产专用性（Asset Specificity）和农产品保存时间性等问题，因此承担较高的交易成本。高成本、低利润已成为阻碍农户深度参与市场交易的核心因素。若要降低交易成本，增加农户收入，有效途径之一就是实现农户组织化，如成立农业专业合作社或合作社联社，推动规模化经营。机理分析如下：

通常，农户交易费用与交易次数呈正相关，因此减少买卖次数有利于降低交易费用。假设市场中的 a 个农户都需要购买 b 种农用生产物资，将生产完的农产品卖给 c 个农业企业，农用生产物资、农产品买卖均发生一次，则农户需要进行的交易次数为：

$$T_1 = f_1(a, b, c) = a \times b \times c \tag{3-1}$$

假设在农用生产物资和农产品数量、价格等其他条件均不变的情况下，这 a 个农户组建了一个农民专业合作社，由专业合作社统一负责物资采购和产品销售。则组建专业合作社后的交易次数为：

$$T_2 = f_2(a, b, c) = a + b + c \quad (3-2)$$

a 取值不同，情况有三：①市场中是单个农户，即 $a=1$，没有合作组织，无法降低交易费。②当 $a=2$ 时，如果 $b \leqslant 2$ 且 $c \leqslant 2$，则 $T_1 \leqslant T_2$；意思是 2 个农户可以成立合作社，由于生产物资供应农业企业数量较少，合作社进行交易所承担的交易费用，会大于或等于农户单独交易发生的费用，那么理性的农户不会选择组建合作社。③当 $a \geqslant 3$ 时，如果 $b \leqslant 2$ 且 $c=1$ 或 $c \leqslant 2$ 且 $b=1$，则 $T_1 \leqslant T_2$。这表示市场上农户较多而农业企业和生产物资供应者较少，专业合作社的成立并没有提高交易效率。如果 $b \geqslant 2$ 且 $c \geqslant 2$ 时，则 $T_1 > T_2$。这表示市场上的农户、生产物资供应者和农业企业数量都较多时，专业合作社集中交易会比农户分散交易的费用更低，组织规模产生效率。换言之，市场条件越复杂，农户越多，合作社在减少交易次数、降低交易费用、提高市场效率方面的成效越显著。

另外，较个体农户而言，专业合作社交易谈判能力较强，可与农资供应商或农业企业达成更稳定的合作关系，提高农户市场地位、增强农业市场化程度；专业合作社作为农户集合体，也有利于统一技术标准，连接农产品收购、市销、储运各环节，融合农村一二三产业，延伸产业链，形成农产品品牌，增加农产品市场占有率、扩展农产品获利空间。农业合作社是先进农业技术推广的载体，更是政府惠农政策实施的载体。

3.3.4.2 促进碳减排技术推广与应用示范

科技是第一生产力，加大农业科技研发和农业科技供给是提升农业经济效益的重要途径。农民专业合作社作为农民利益的代表、农业发展的“领头羊”，也扮演着农业技术需求方或供给方的角色，是农业科技推广应用的重要纽带，是农业科技成果高效转化的有力推手。从社会嵌入理论来看，农民专业合作社为农户增加互动频率、交流生产信息、深厚信任感情提供了组织平台，有利于农户之间搭建稳定的社会网络关系，进而推动农地碳减排技术的传播，通过组织培训改变农户对碳减排技术的怀疑或抵触态度，增加农户碳减排技术采纳概率。从农业技术推广绩效看，大量研究表明农民专业合作社成为连接农户与农技科研单位、科研企业、政府部门的桥梁。比如政府会定期组织农科院专家或高校教授到专业合作社开展教育培训，推广测土配方施肥技术、科学施药技术、畜禽养殖粪肥无害化处理技术等。农技推广绩效与培训推广次数、农技推广人员工作强度和技术本身应用前景密切相关。一般而言，农民专业合作社社长属于农村的领袖型人物，在农户中有较大的影响力和威信力，在领袖人物的带领下，合作社有力的组织引导、全面的社会服务和细致的技术示范，可以大大提高农地碳减排技术的应用深度和广度，增加农户满意度。

3.3.4.3　获取碳减排市场收益

碳排放权交易（Carbon Emission Trade）是《京都议定书》中设计的以 CO_2 排放权为交易标的，运用市场机制（Market Mechanism）以促进全球温室气体减排（Greenhouse Gas Emission Reduction）的新路径。其概念由20世纪美国经济学家Dales提出的“排污权交易”演化而来。国际公认的全球碳排放市场诞生的时间是2005年，碳市场可分为碳排配额交易市场（Allowance－Based Trade）和碳排项目交易市场（Project－Based Trade）两大类。前者交易的对象是政府初次分配给企业的碳排放配额，本质是对原本自由的碳排放权实施人为限定，使其成为稀缺配额过程。后者交易的对象是通过实施项目削减碳排而获得的减排凭证。经济主体（国家或企业）最为关心的是在国际竞争中碳减排的成本问题。某些国家或企业能以低成本达到甚至超额完成碳减排目标，他们可将“额外的限额”出售以获利，而那些碳减排成本较高的国家或企业则购买此类“额外的限额”以便降低成本。

农户组织化初级目的是联合农户成立统一的经济组织以获得规模效益、抵御市场风险；更重要的意义在于以“专业合作经济组织”为主体，与政府、企业齐肩并存，搭建利益互惠互利共同体，参与市场经营或形成“企业＋碳交易平台＋农民专业合作组织＋农户”关联机制，减少单个农户参与碳市场交易的交易费用。在国际碳排放权市场上，农民专业合作经济组织可凭借规模主体优势争取到碳减排补偿项目，实现生态效益和经济效益双丰收。例如，四川广元市向广州亚运会出售1万吨碳减排指标，营造了低碳亚运会，农民也获得了免费肥料等生产物资。再例如，专业合作社可以组织农户统一采用低碳生产技术减少碳排放，并把总的碳减排量通过碳交易平台出售，为农户争取碳减排的市场收益。总之，充分利用农民专业合作经济组织的多维效能，发挥组织规模优势，降低交易费用，推动森林保护再造、低碳农产品、农业废弃物综合利用等项目健康发展。

3.3.4.4 拓展融资渠道，为碳减排提供资金支持

现阶段，我国的农民专业合作社大部分是基于人际亲疏关系而成立和成长起来的，合作社在农户融资活动中往往起到“类金融中介”作用。一个地区专业合作社的数量反映了该地区社会网络的密度和覆盖度，一个合作社社员农户与其他合作社业务往来越频繁，越有利于提升社员农户的社会参与度，在一定程度上可以增加农户生产经营所需信贷资金的可获得性，同时降低农户家庭借贷资金的违约风险。与普通农户相比，社员农户可以依靠合作社信用或资产在乡镇银行、农村信用社或小额贷款公司更容易地获得借贷资金，为低碳生产技术的应用奠定了物质基础。一些研究还表明专业合作社社长的社会经历、社会关系对合作社取得银行贷款有积极影响。特别是对于畜牧养殖专业合作社，在畜禽粪便无害化处理以减少设施农用地碳排放方面起着重要的作用。新疆是畜牧业大省，家畜牧养殖合作社在利用畜禽粪便发展沼气工程、生产有机肥方面有着组织优势，比分散的牧民更容易获得国家的相关补贴，在碳减排方面拥有较强的资金实力。此外，农业合作社在低碳农产品生产和品牌建设方面也能发挥一定的组织优势，借助不同生产环节的低碳生产技术，生产低碳农产品，取得低碳农产品认证，树立低碳农产品品牌，从而构建“低碳产业链”。综上所述，提高农户组织化程度有利于最小化交易成本，有利于拓宽信贷资金获取渠道，有利于低碳生产技术的推广与应用，有利于在国内外碳排放权市场上获取碳减排收益，有利于低碳农产品产业链的形成，最终为农地利用碳减排奠定良好的微观基础。

3.3.5 农地碳减排驱动要素之间的相互作用机制

减排承诺是农地碳减排的外部压力，碳减排生产技术是农地碳减排的必要条件，利益满足是农地碳减排的内部动力，农户组织化是农地碳减排的微观基础，这四个要素之间的关联影响环环相扣，而这四个要素的形成都需要制度做保障。

制度变迁是新制度代替旧制度的过程，是制度效率不断提升的动态过程，能保证参与合作的各方获得结构之外的预期利益。制度变迁是相关利益主体相互博弈的结果，外部环境的变化是诱发制度变迁的重要原因之一。全球气候变暖的严峻现实，引发了人类对高能耗、高污染、高排放的粗放式经济发展模式的深刻反

思。无论是从国际层面，还是国家层面，都需要建立相应的制度，约束人类的生产及消费行为，平衡协调国家之间、区域之间的经济利益，平衡协调生态利益与社会经济发展利益的关系。我国要建立低碳产业体系，在农业方面，大力发展低碳循环农业，可持续性地利用农地，最终完成向国际社会承诺的减排目标，也是气候变暖这一外部环境压力驱动的结果。同时，需要出台一系列的政策引导、激励相关经济主体为建立低碳产业体系、为完成减排目标作出应有的努力。

科技进步是新技术取代旧技术的过程，是国民经济发展的内生动力，是生产率提高的重要途径。低碳生产技术的创新是低碳产业建立的有效支撑，是低碳经济繁荣的前提条件。低碳生产技术进步可以通过低碳生产技术创新、低碳生产技术扩散和低碳生产技术转移三种途径实现。从农业方面讲，低碳生产技术不断取得进步是农地碳减排的必要条件，低碳技术进步状况从技术要素层面决定了低碳农业发展的可行性。但是低碳生产技术的进步在原有制度下难以完成，需要“新制度土壤”加以培育。农地碳减排需要有一套崭新的制度去引导技术创新者对低碳生产技术进行投入、研发和推广。新制度必须保障低碳生产技术创新者在技术创新、扩散或转移过程中得到利益满足，获得合理的创新回报。如果新制度不能保障这一点，则低碳生产技术进步就会中断，最终影响农地碳减排的效果，无法实现农业的低碳循环发展。因此，低碳生产技术进步既是制度创新的诱因，也是制度创新的保障。

利益满足是农地碳减排的内部动力。政府、企业和农户都可以看作农地碳减排的利益相关者。确保农地碳减排的新制度的形成就是三方利益博弈的结果。其中，农户是实施农地碳减排的主要力量，根据理性经济人假设，农户利益预期满足是农户参与农业低碳发展的内生驱动。比如，碳排放交易制度为农户获得碳减排的市场收益提供了保障，当然，农户需要与相关企业合作，或通过加入合作社等方式来获得市场准入资格。因此，新制度的成立必须满足农户利益预期，才能保证农业持续低碳发展。

农户组织化是农地碳减排的微观基础。分散农户的力量是薄弱的，农户要联合起来，以合作社等新型经营主体的形式存在，才能发挥组织优势和集体力量，共同抵御农业低碳化发展风险、共享农业低碳化发展收益，更有效率地实现农地碳减排的目的。在这一过程中，也需要相应的制度体系去引导农户完成组织化，提高组织

化程度。因此，新制度能否保证农户组织化的稳定，能否保证农户在组织内获得比个体经营更多、更稳的收益，是决定农地碳减排微观基础作用发挥的重要条件。

农地碳减排的这四个要素是相互影响、相互关联的有机整体。减排承诺推动我国大力发展低碳经济，相应地引领技术创新朝低碳方向发展，这就要求研发人员以节能减排为导向进行技术攻关。在我国，进行高新技术研发、生产和销售可以享受相关税费政策优惠，从而降低技术创新成本，增强创新风险应对能力，保障经济主体有利润可赚取。低碳生产技术诞生了，客观上为农地碳减排和农业低碳化发展创造了技术条件，为农户获得低碳发展收益提供了技术支撑，满足其利益诉求。技术进步往往带来生产规模报酬递增，可以推想，低碳生产技术创新在一定范围内促进农地规模低碳化利用，加快生产经营效率的提高。而农户组织化，例如成立专业合作社或农业企业，更有利于加快土地流转，实现土地规模化经营，低成本、高效率地利用低碳生产技术进行生产作业，更好地满足农户的利益预期。利益预期的提升反过来又可以强化低碳生产技术创新投入、更广范围内的应用，强化农户积极参与合作社，提高组织化水平（如图3.8所示）。

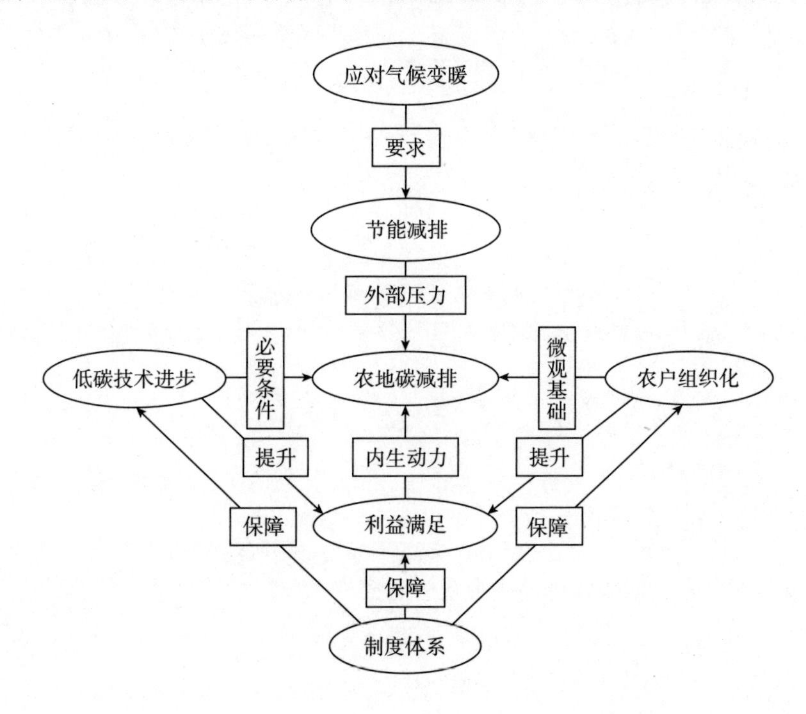

图3.8　农地碳减排驱动要素及其相互作用机制

总之，农地碳减排四要素的良性互动，离不开制度的保障作用。有效的制度供给是经济低碳转型、实现高质量发展的最关键因素。新型制度体系必须确保低碳技术创新者、推广应用者和农业经营主体获得合理的收益，才能持续性地实现农地碳减排目标。

3.4 本章小结

本章首先对农地碳排、碳汇机理进行梳理，分析农地类型转换带来的碳排碳汇变化。其次运用文献分析法总结农地碳排影响因素并解析其影响机理。最后分别运用外部性理论、制度变迁理论、经济增长理论和交易费用理论对农户农地碳减排的四个驱动因素“外部压力（碳减排目标承诺）”“内部动力（碳减排利益满足）”“必要条件（碳减排技术创新）”和“微观基础（农户组织化）”进行理论推演，剖析它们之间的互动影响机制，为后文各章的实证分析奠定了理论基础。

第4章　新疆农地净碳排测度及时空差异分析

前一章从农地碳排的机理、农地碳排的影响因素以及农地碳减排的驱动因素做了相关理论铺垫，从本章开始，结合《新疆统计年鉴》以及调研数据，对相关理论进行检验。第4章主要是判定新疆农地净碳排状况。随着经济的发展、人口的增长和城市化的推进，建设用地不断扩张，农地资源日益紧张，加之人类不合理的农地利用方式，导致农地数量减少、质量退化，影响着社会经济的可持续发展。因此，首先了解新疆农地的现状有利于人们更好地理解农地碳排变动规律。其次，在科学构建农地碳排碳汇测算体系的基础上，从时序和空间两个维度测算新疆农地碳排量和碳汇量，并分析新疆农地碳排的演变规律和时空特征，通过净碳排量的测算来判别新疆农地究竟是发挥碳源还是碳汇功能，并对农地类型转变而引发的碳排放效应做定量分析。

4.1　新疆农地现状描述

新疆位于欧亚大陆中部，中国西北部，地处东经73°40′~96°23′，北纬34°25′~49°10′之间，占地面积160多万平方公里，是中国土地资源最丰富的省区，农林牧土地面积占全国农林牧宜用土地面积的10%以上，居全国首位。随着社会的发展和经济结构的调整，土地利用呈不平衡态势，用地结构发生巨大的变迁。由图4.1可知，2000~2016年新疆农地面积和建设用地面积发生了显著的变化，农地面积由2000年的6346.21万公顷降为2016年的6308.48万公顷，减少了37.73万公顷，年均递减率为0.04%；建设用地则由2000年的112.11万公顷持续增长到2016年的158.03万公顷，年均增长率为2.17%。农地减少的原因有：一是随着人口的增加，建设用地需求增加，建设占用耕地；二是地处干旱区，区域降水不足，加之毁林开荒，过度垦殖，对土地的治理速度赶不上破坏速度，结果土地盐碱化、沙漠化程度不断加剧，部分林地、耕地转变为荒漠地。

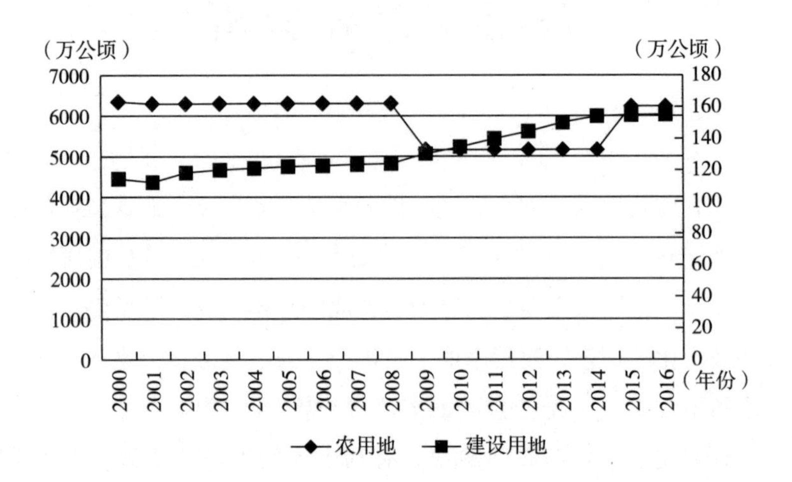

图4.1 2000~2016年新疆农用地与建设用地面积变化

4.1.1 耕地利用现状

4.1.1.1 耕地总量分析

耕地是土地资源利用方式中最重要的一种。耕地数量与质量的变化不仅能引起粮食供应的波动，也能影响生态系统碳平衡的波动。新疆农地中，耕地面积占比在5.3%~8.4%。近30年，耕地总量发生较大的变动。从20世纪90年代开始，新疆被国家列入重点开发地区之一，土地开发整理与弃耕同时并存，但是新耕土地增加规模远远大于弃耕规模，因此耕地面积总体呈逐年快速增加的态势。1990年，耕地面积只有308.69万公顷，到2000年变为416.40万公顷，2008年国土二调清查的数据是412.46万公顷，如图4.2所示。与此同时，人口由90年代初的1529.16万人增长到2016年的2398万人，人均耕地0.2公顷增加到0.23公顷，为全国平均水平的2.28倍。但耕地质量总体水平偏低，高、中、低产田

的比例分别为12%、63%和25%，干旱缺水和盐渍化程度较高。在地区分布上，如图4.3所示，昌吉州的耕地资源最多，为62.93万公顷，然后是塔城地区，为62.36万公顷，耕地资源最少的是克拉玛依市，只有2.2万公顷。

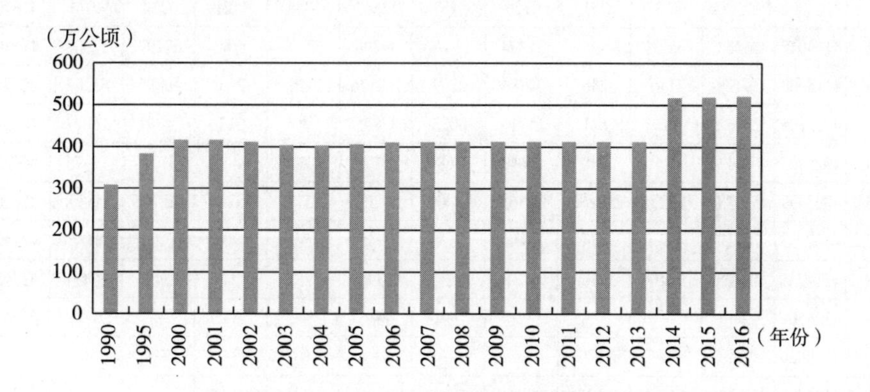

图4.2　新疆耕地面积变化情况

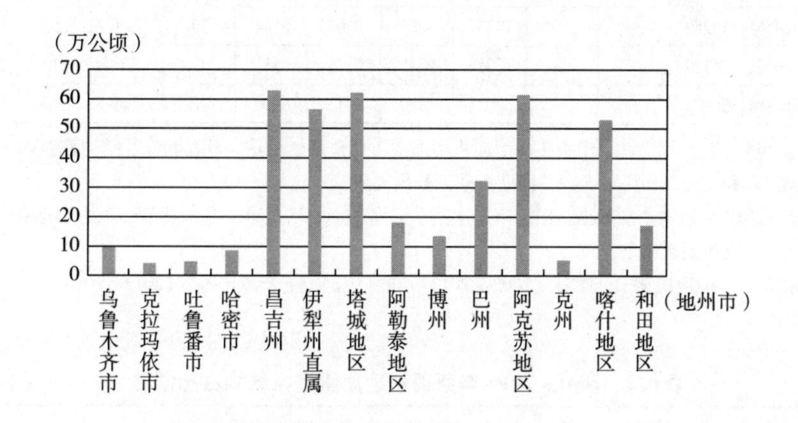

图4.3　新疆各地州市耕地面积对比

4.1.1.2　耕地结构分析

由表4.1和表4.2的数据可知，2001~2016年，新疆耕地面积的变动经历了先减少后慢慢增加的趋势。大致可以分为三个阶段：

表 4.1　2001～2016 年新疆耕地面积增减变动情况　　单位：公顷

年份	年初耕地面积	本年增加					本年减少					年末耕地面积
		合计	整理	复垦	开发	农业结构调整	合计	建设占用	灾害损毁	生态退耕	农业结构调整	
2001	4164002	13706	233	291	7725	5457	13663	1334	1521	6734	4074	4164045
2002	4164045	46268	966	445	31784	13074	94405	3624	1780	67197	21804	4115908
2003	4115908	39425	2116	246	34794	2269	118126	2409	293	49895	65528	4037206
2004	4037206	22152	597	811	15711	5033	33895	1914	213	14891	16877	4025463
2005	4025463	60111	134	248	18042	41686	22175	2588	481	5772	13335	4063399
2006	4063399	53373	1327	78	32562	19406	9719	1577	538	2273	5330	4107053
2007	4107053	10119	532	174	4038	5375	2948	1545	70	733	600	4114225
2008	4114225	12728	1010	316	6771	4631	2390	1273	24	545	547	4124564
2009	4124564	—	—	—	—	—	—	—	—	—	—	4124564
2010	4124564	—	—	—	—	—	—	—	—	—	—	4124564
2011	4124564	—	—	—	—	—	—	—	—	—	—	4124564
2012	4124564	—	—	—	—	—	—	—	—	—	—	4124564
2013	4124564	—	—	—	—	—	—	—	—	—	—	4124564
2014	4124564	18262	—	—	14237	4025	9204	8144	59	149	852	5169502
2015	5169502	26529	—	—	17085	9445	7178	6551	0	17	610	5188884
2016	5188884	36983	—	—	32033	4950	9413	6206	0	1389	1818	5216467

注：①2014～2016 年统计表中本年耕地面积增加不再分整理、复垦、开发和农业结构调整四项，而是变更为补充耕地和农业结构调整两项，因此按总额数据列示；

②2008～2013 年耕地变动数据是国家第七次国土资源清查结果；2014 年末耕地面积为 5169502 公顷是国家第八次国土资源清查结果。

资料来源：《中国国土资源年鉴》（2002～2012）和《中国国土资源年鉴》（2013～2017）。

表 4.2　2001～2016 年新疆耕地面积增减结构占比情况　　单位：%

年份	年内增加耕地面积				年内减少耕地面积				本年末与上年末相比增减比例
	整理	复垦	开发	农业结构调整	建设占用	灾害损毁	生态退耕	农业结构调整	
2001	1.70	2.12	56.36	39.81	9.76	11.13	49.29	29.82	—
2002	2.09	0.96	68.70	28.26	3.84	1.89	71.18	23.10	-1.16
2003	5.37	0.62	88.25	5.76	2.04	0.25	42.24	55.47	-1.91
2004	2.70	3.66	70.92	22.72	5.65	0.63	43.93	49.79	-0.29
2005	0.22	0.41	30.01	69.35	11.67	2.17	26.03	60.14	0.94
2006	2.49	0.15	61.01	36.36	16.23	5.54	23.39	54.84	1.07

续表

年份	年内增加耕地面积				年内减少耕地面积				本年末与上年末相比增减比例
	整理	复垦	开发	农业结构调整	建设占用	灾害损毁	生态退耕	农业结构调整	
2007	5.26	1.72	39.91	53.12	52.41	2.37	24.86	20.35	0.17
2008	7.94	2.48	53.20	36.38	53.26	1.00	22.80	22.89	0.25
2009	—	—	—	—	—	—	—	—	0
2010	—	—	—	—	—	—	—	—	0
2011	—	—	—	—	—	—	—	—	0
2012	—	—	—	—	—	—	—	—	0
2013	—	—	—	—	—	—	—	—	0
2014	—	77.96	—	22.04	88.48	0.64	1.62	9.26	25.33
2015	—	64.40	—	35.60	91.26	0.00	0.24	8.50	0.37
2016	—	86.62	—	13.38	65.93	0.00	14.76	19.31	0.53

资料来源：根据表4.1计算整理而得。

第一阶段：2001～2005年。耕地面积由2001年年初的416.40万公顷逐年递减到2005年年末的402.55万公顷，五年之内减少了13.85万公顷。这一阶段尽管通过土地的整理、复垦、开发和农业结构调整等方式累计增加了18.17万公顷（本阶段耕地面积的增加主要靠土地开发，然后是农业结构调整，整理和复垦的比重偏小），但是由于建设占用、灾害损毁、生态退耕和农业结构调整而减少的耕地面积累计多达28.23万公顷，远远超过增加的面积。从减少因素的贡献度看，农业结构调整>生态退耕>建设占用>灾害毁损。

第二阶段：2006～2013年。耕地面积由2006年年初的406.34万公顷慢慢增加到2013年年末的412.46万公顷，2008～2013年的数据没有变化的原因是这些数据一直沿用第二次全国土地调查的结果。从耕地面积增加因素看，开发比例仍是最大的，其次是农业结构调整，整理和复垦的力度也比第一阶段提升了几个百分点。从耕地面积减少因素看，建设占用的占比跃居首位，而农业结构调整的占比较少且基本与生态退耕的占比持平。据Churkina G. 的研究，城市是人类活动对地表影响最深刻的区域，城市土地植被覆盖变化强烈，而且化石燃料燃烧集中，80%以上CO_2的排放量均来自城市区域。随着城镇化建设进程的推进，建设用地大大挤占耕地，对粮食安全构成潜在危害，同时也加大了土地碳排放的强度。因此要严格控制建设用地审批，严厉杜绝违法占用耕地行为，以确保耕地和生态环境安全。因灾害毁损而减少的比例显著下降，这表明一方面是自然灾害的频发程度降低，另一方面是应对自然灾害的能力大大提升，耕地修复工作取得效果。

第三阶段：2014 年之后。耕地面积由 2014 年年初的 412.46 万公顷快速增长到 2014 年末的 516.95 万公顷，增速达到了 25.33%。这一阶段补充耕地占比提升，耕地面积累计增加额大于累计减少额，值得注意的是建设占用导致耕地面积减少的比例持续上升，达到了 91.26%。

4.1.2 园地利用现状

新疆园地面积呈阶梯状的增长方式变动。到 2016 年，园地总量达到 62.29 万公顷，占农地总面积的 1.2%。从变动趋势看，园地面积变化经历了三个阶段。第一阶段：2000～2003 年，由 18.85 万公顷快速增加到 33.58 万公顷。第二阶段：2004～2008 年，园地面积基本保持在 33.58 万公顷。第三阶段：2009～2016 年，园地面积由 63.07 万公顷回落到 62.29 万公顷（注意 2009 年之后园地面积基本变动不大，数据源于第二次全国土地调查数据），如图 4.4 所示。从各地州市分布看，园地数量位居前三的是喀什地区、巴州和阿克苏地区，面积分别是 10.55 万公顷、7.44 万公顷、6.34 万公顷；居后三位的是克拉玛依市、阿勒泰地区和乌鲁木齐市，面积分别是 0.04 万公顷、0.04 万公顷、0.07 万公顷，如图 4.5 所示。

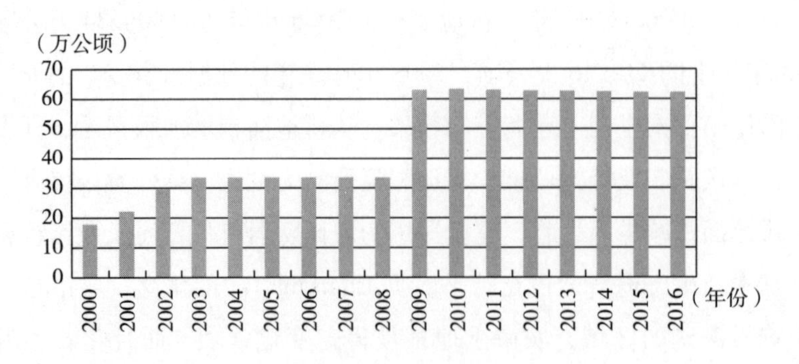

图 4.4 2000～2016 年新疆园地面积变化情况

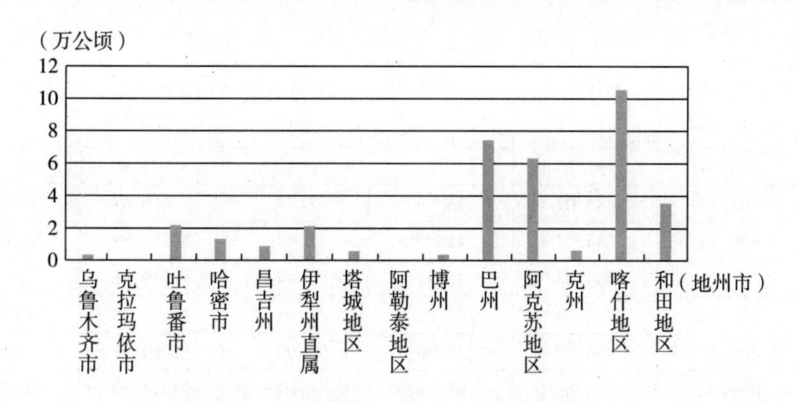

图4.5 新疆各地州市园地面积对比情况

4.1.3 林地利用现状

林地在某一国家或地区生态系统维持平衡中发挥着至关重要的作用，是生态碳汇供给和生物多样性存在的基地，同时也是林业发展所需的物质基础，并在维护国土生态安全中处于核心地位，在全球碳循环与平衡中扮演不可替代的角色。据多次森林资源清查结果显示，新疆林地数量呈阶梯状增长趋势变动，如表4.3所示。对比三次全国森林资源清查资料，新疆的林业用地面积、森林面积、人工林面积、森林覆盖率、活立木蓄积量和森林蓄积量均已实现不同程度的增长，以上指标第八次清查结果与第六次清查结果相比的增量分别为：491.25万公顷、214.18万公顷、48.10万公顷、1.30%、7259.89万立方米和5614.41万立方米，增长率分别达到：80.74%、44.25%、104.79%、44.22%、23.11%和20.02%。这表明十几年间，在自治区政府的领导下，新疆积极实施和推进林业十大工程，努力增加森林资源，发挥林地生态功能，美化各族人民的生产生活空间。

表4.3 2001～2016年新疆森林资源状况

年份	林业用地面积（万公顷）	森林面积（万公顷）	人工林面积（万公顷）	森林覆盖率（%）	活立木总蓄积量（万立方米）	森林蓄积量（万立方米）
2001	656.41	197.80	—	1.92	31322.56	27644.95
2002	660.39	197.80	—	1.94	31356.22	28011.15

续表

年份	林业用地面积（万公顷）	森林面积（万公顷）	人工林面积（万公顷）	森林覆盖率（%）	活立木总蓄积量（万立方米）	森林蓄积量（万立方米）
2003	668.58	197.80	—	2.10	31322.56	28023.44
2004	608.46	484.07	45.90	2.94	31419.68	28039.68
2005	608.46	484.07	45.90	2.94	31419.68	28039.68
2006	608.46	484.07	45.90	2.94	31419.68	28039.68
2007	608.46	484.07	45.90	2.94	31419.68	28039.68
2008	608.46	484.07	45.90	2.94	31419.68	28039.68
2009	1066.57	661.65	61.75	4.02	33914.50	30100.54
2010	1066.57	661.65	61.75	4.02	33914.50	30100.54
2011	1066.57	661.65	61.75	4.02	33914.50	30100.54
2012	1066.57	661.65	61.75	4.02	33914.50	30100.54
2013	1099.71	698.25	94.00	4.24	38679.57	33654.09
2014	1099.71	698.25	94.00	4.24	38679.57	33654.09
2015	1099.71	698.25	94.00	4.24	38679.57	33654.09
2016	1099.71	698.25	94.00	4.24	38679.57	33654.09

注：2004~2008 年为第六次全国森林资源清查资料；2009~2012 年为第七次全国森林资源清查资料；2013~2016 年为第八次全国森林资源清查资料。

表 4.4 显示了新疆多年退耕还林工程建设情况，由数据可知，2008 年之前，人工造林有“退耕还林”“荒山荒地造林”和“新封山育林”三种方式。2008 年以后，为了守住 18 亿亩耕地红线、保证粮食生产安全则以后两种方式为主。从林业投资来源看，主要是国家投资占主导，每年的国家投资占比达到总投资额的 70%~95%。

表 4.4　2001~2016 年新疆退耕还林状况

年份	当年人工造林面积（公顷）	退耕地造林面积（公顷）	荒山荒地造林面积（公顷）	当年新封山育林面积（公顷）	林业投资完成额（万元）	国家投资（万元）
2001	160530	88318	72212	333	46211	43611
2002	249456	134179	115277	22701	49386	39385
2003	97242	34701	62541	56199	45696	40966
2004	97242	34701	62541	33935	47995	38376
2005	73116	35347	37769	80000	75124	70044
2006	39732	10011	29721	5332	70975	64867
2007	41907	3596	31648	6663	73784	58637

续表

年份	当年人工造林面积（公顷）	退耕地造林面积（公顷）	荒山荒地造林面积（公顷）	当年新封山育林面积（公顷）	林业投资完成额（万元）	国家投资（万元）
2008	62308	0	51909	10399	63669	54396
2009	50120	0	30792	19328	102775	85357
2010	39033	0	28635	10398	72002	61362
2011	33066	0	23135	9931	78188	60909
2012	47175	0	18708	28467	70530	47848
2013	34094	0	18730	15364	60047	53166
2014	15588	0	11590	3998	63810	60082
2015	43317	40530	2787	0	105677	100883
2016	25993	25373	620	0	108975	106253

资料来源：《中国环境统计年鉴》和《中国国土资源年鉴》（2002～2017）。

尽管新疆林业资源有所改善，但是仍存在一些短期内不容易解决的问题，如林木龄组结构不合理，中幼龄林面积比例偏高，林分过疏、过密的面积不均衡，林木蓄积年均枯损量增长速度较快，城镇建设违法违规占用林地现象依然没有杜绝，局部地区毁林开垦时常发生，这些都会不同程度地影响林地的碳汇功能。城市化、工业化的建设活动迫使森林生态空间被挤压，维护林业生态安全红线的压力日益加大。因此，要严格林地用途管制，坚决制止非法占用林地和林地的非林化。

4.1.4　草地利用现状

新疆是全国五大牧区之一，草地面积多达5000多万公顷，占全国草地面积的20%左右。从图4.6可知，新疆草地面积变动大致也经历了三个阶段。第一阶段：2000～2002年，由5136.69万公顷减少到5131.49万公顷，短短3年，减少了5.20万公顷。第二阶段：2003～2008年，这一阶段，草地面积基本稳定在5121.57万公顷，较五年前减少了近10万公顷。第三阶段：2009～2016年，草地面积为5111.38万公顷，比2008年减少了10.19万公顷。从各地州市分布看（如图4.7所示），拥有草地数量居前三位的依次是阿勒泰地区、巴州和塔城地区，面积分别为962.91万公顷、824.19万公顷、643.19万公顷。排名后三位的依次是吐鲁番市、克拉玛依市和乌鲁木齐市，面积分别为72.97万公顷、23.13

万公顷、80.47 万公顷。尽管新疆草地面积相对广阔，但由于大部分地区气候干燥，降水量少，草地生物量不高。加之，对草地生态环境重视度不够、草原监管不力，超载放牧严重，草地数量和质量都不断下降。据相关数据统计，沙化和碱化的草地面积分别占草地总面积的 37.2% 和 80%，天然草地出现了不同程度的退化、盐渍化。草地具有重要的碳汇功能，尽管一直实施退耕还草、退牧还草工程，但是草地建设改良速度仍慢于退化速度，草原植被覆盖度降低，草原固碳能力也不断下降。加强草地管理和生态保护既是新疆畜牧业经济发展的物质基础，也是增加草场碳汇的重要途径。

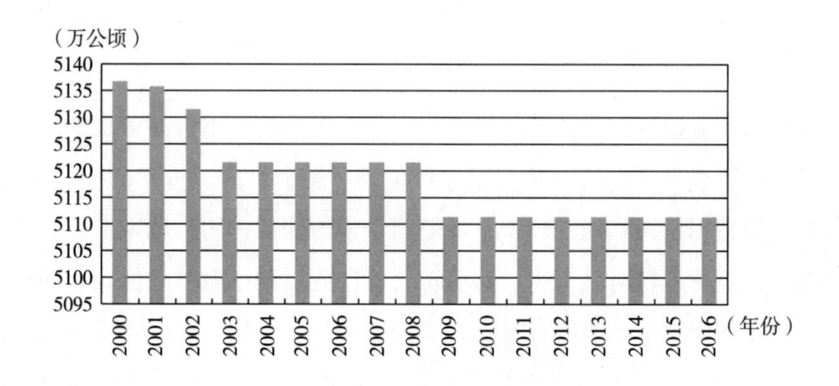

图 4.6　2000～2016 年新疆草地面积变化情况

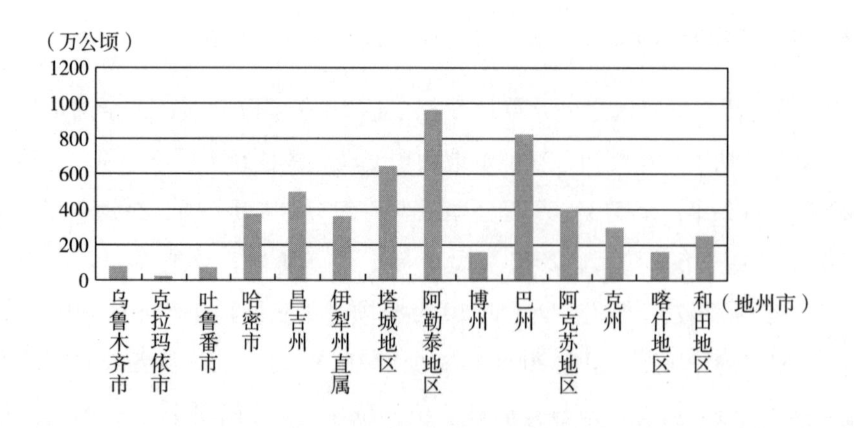

图 4.7　新疆各地州市草地面积对比

4.2　农地净碳排测算体系与资料来源

4.2.1　农地碳汇量与碳排量的测算方法

本书中农地主要涉及耕地、园地、林地、草地四大类。农地碳功能主要分为碳排放和碳汇，农地碳排主要集中于耕地的碳排放，主要的碳源为农田生产活动中的化肥、农药、农膜等化学品投入，农用柴油、灌溉用电等农业能源耗用，以及翻耕、水稻种植（CH_4 排放）过程直接或间接引发的温室气体排放；农地碳汇主要是林地、园地和草地的碳汇。

需要特别说明的问题有三点：①除多年生木本农作物之外，通常意义上的农作物碳汇量假定为零（李克让，2005）。尽管农作物是农地重要的碳汇来源，但是依据多名学者的观点（赖力，2018；李波，2018），即农作物通过光合作用合成的碳元素会以一定的方式返回到大气中：方式一是农作物转变为人类的食物，通过食物链的传递，最终由微生物分解回归大气；方式二是通过植物体的呼吸消耗、残体腐烂分解和燃烧（比如秸秆燃烧）回归大气①；方式三是以工业或建筑原料形式固定下来，经若干年的光照、风力、雨水等外力侵蚀后被释放出来。以 10 年以上的尺度计量，农作物碳吸收量对农地生态系统碳净排放的影响可以视为零。因此，农作物碳汇量不计入农地净碳排的计算中。②园地究竟发挥碳汇作用还是碳源作用，学术界存在不同的研究结论，观点一认为现阶段由于化肥和农药的大量施用，园地的碳排功能大于碳汇功能。观点二认为园地的碳汇能力仅次于林地；新疆园地主要种植红枣、苹果、葡萄、蟠桃、核桃、杏等，林果经营管理中也要依赖化肥、农药提升产量等，相应的碳排计算与耕地合并，不再单列。

---

①　鉴于我国没有秸秆燃烧的统计数据，很多学者对秸秆燃烧的碳排放量按草谷比法计算。本书根据这种方法对新疆农田秸秆燃烧的碳排放量做了测算，然后根据不同农作物的碳吸收率、含水率和经济系数对新疆农作物的碳汇量进行计算，发现前者占后者的 73.21% ~81.02%。即使在方法和数据限制下，无法对方式一和方式三进行考量，但农作物生长期间固碳到燃烧后释放碳的循环过程基本可以被印证；限于篇幅，这部分测算不在书中展示。

园地碳汇量依据相关文献研究结果测算。③畜禽养殖过程中的碳排放，主要来自牲畜肠道发酵和牲畜粪便管理所引起的 CH_4 和 N_2O 排放。而新疆畜禽养殖活动一部分分布于草地上，另一部分分布于规模化养殖用地上，畜禽养殖设施用地在统计年鉴中归于其他农用地，也属于农地。因此，畜禽养殖过程中的碳排放应该作为农地碳排放的重要来源。农地碳排总量为各类碳源总和。碳排放测算公式如下：

$$C = \sum C_i = \sum T_i \times \theta_i \tag{4-1}$$

其中，C 代表农地碳排总量，C_i 代表各类碳源的碳排量，T_i 代表各类碳源的数量，θ_i 代表各类碳源的碳排系数。农地主要碳源碳汇及碳排放系数如表 4.5 所示。

表 4.5　农地主要碳源碳汇及碳排放系数

	种类	碳排放系数	单位	资料来源
碳源	农膜	5.18	千克碳/千克	南京农业大学农业资源与生态环境研究所
	农药	4.9341	千克碳/千克	美国橡树岭国家实验室
	化肥	0.8956	千克碳/千克	美国橡树岭国家实验室、T. O. west
	柴油	0.5927	千克碳/千克	联合国政府间气候变化专门委员会（IPCC）
	翻耕	312.6	千克碳/公顷	中国农业大学生物与技术学院 IPCC（2007）
	灌溉	25	千克甲烷/公顷	Dubey、李波（2011）
	稻田	1.3	千克甲烷/公顷	田云（2015）
	奶牛	619.91	千克碳/(头·年)	IPCC 报告
	马	246.88	千克碳/(匹·年)	IPCC 报告
	驴	187.29	千克碳/(头·年)	IPCC 报告
	骡	187.29	千克碳/(头·年)	IPCC 报告
	骆驼	439.70	千克碳/(头·年)	IPCC 报告
	猪	77.17	千克碳/(头·年)	IPCC 报告
	山羊	62.07	千克碳/(只·年)	IPCC 报告
	绵羊	61.93	千克碳/(只·年)	IPCC 报告
	家禽	1.76	千克碳/(只·年)	IPCC 报告
碳汇	林地	0.49	吨碳/公顷·年	李波（2018）
	草地	0.021	吨碳/公顷·年	方精云、郭兆迪等（2007）
	园地	0.398	吨碳/公顷·年	白翠媚（2015）

注：①灌溉的碳排系数为千克/公顷，考虑到火力发电对化石燃料的需求导致间接碳排放，在千克基础上乘以火电系数，依据 2001 ~2016 年《中国年鉴统计》数据，计算出的平均火电系数为 0.829，最终灌溉系数为 20.476 千克/公顷（田云、李波等，2011）。②为分析方便，依据温室效应强度将 CO_2、CH_4、N_2O 气体统一换算成标准的碳当量，1 吨 CO_2 含 0.2727 吨 C，1 吨 CH_4 所引发的温室效应相当于 25 吨 CO_2（约合 6.8182 吨 C）所产生的温室效应，1 吨 NO_2 所引发的温室效应相当于 298 吨 CO_2（约合 81.2727 吨 C）所产生的温室效应。

不同的畜禽种类，饲养周期不同，其碳排量差异也十分显著。畜禽养殖过程中碳排量的计算需要对其年均饲养量进行调整（胡向东等，2010）。学术界通常的做法是：生猪和家禽归类为出栏率大于1的畜禽；其他属于出栏率小于1的畜禽；生猪的生产周期取平均值为200天；家禽的生产周期取平均值为55天。出栏率大于或等于1的畜禽，年均饲养量根据出栏数量做调整，计算公式如下：

$$S_i = D_i \times \frac{CLL_i}{365} \tag{4-2}$$

其中，S_i 是第i种畜禽年均饲养量，D_i 是第i种畜禽的平均生产周期，CLL_i 是第i种畜禽的出栏量。

出栏率小于1的畜禽的年均饲养量根据年末存栏数调整，计算公式如下：

$$S_i = \frac{R_{it} + R_{i(t-1)}}{2} \tag{4-3}$$

其中，S_i 表示第i种畜禽年均饲养量，R_{it}、$R_{i(t-1)}$ 分别表示第i种畜禽第t年、t-1年年末存栏量。

4.2.2 农地净碳排测算的资料来源与处理

本书中农膜、农药、化肥、农用柴油、翻耕面积、农业产值、牧业产值、农林牧渔业总产值以及农业从业劳动人口数据均出自《新疆统计年鉴》（2001~2017年）和各地州市的统计年鉴及国民经济公报（2001~2017年）。其中，农用化肥施用量为折纯量，翻耕面积以各地州市当年农作物实际播种面积为准，农业从业劳动人口数量以第一产业从业人数为准，牛、马、驴、猪、山羊、绵羊的数量按上文公式计算年均饲养量。为了剔除价格变化影响，以2000年为基准年，将各年份的农业产值、牧业产值及农林牧渔业总产值换算成实际总产值。

4.3 新疆农地碳排量时空特征分析

4.3.1 新疆农地碳排量时序演变特征分析

根据上文碳排量计算公式和相关统计数据，计算得到2000~2016年新疆农地碳排总量及结构变动情况，如表 4. 6 所示。

表 4. 6　2000 ~ 2016 年新疆农地碳排情况　　单位：万吨, %

年份	1. 化肥碳排		2. 农药碳排		3. 农膜碳排		4. 柴油碳排		5. 翻耕碳排	
	数量	比重	数量	比重	数量	比重	数量	比重	数量	比重
2000	70. 90	10. 98	6. 71	1. 04	45. 65	7. 07	23. 53	3. 64	1. 06	0. 16
2001	74. 60	11. 12	6. 22	0. 93	54. 24	8. 09	27. 32	4. 07	1. 06	0. 16
2002	75. 50	11. 11	5. 68	0. 84	50. 16	7. 38	23. 70	3. 49	1. 09	0. 16
2003	81. 27	11. 31	5. 98	0. 83	51. 48	7. 17	26. 31	3. 66	1. 09	0. 15
2004	88. 82	11. 67	6. 07	0. 80	54. 72	7. 19	27. 08	3. 56	1. 12	0. 15
2005	96. 52	12. 03	7. 19	0. 90	60. 05	7. 49	28. 74	3. 58	1. 17	0. 15
2006	107. 16	13. 05	7. 68	0. 94	66. 63	8. 12	29. 33	3. 57	1. 31	0. 16
2007	117. 79	14. 27	8. 18	0. 99	73. 21	8. 87	29. 93	3. 63	1. 37	0. 10
2008	133. 35	17. 24	9. 06	1. 17	87. 56	11. 32	33. 96	4. 39	1. 42	0. 18
2009	138. 80	19. 74	8. 95	1. 27	81. 99	11. 66	35. 32	5. 02	1. 47	0. 21
2010	150. 07	20. 83	8. 98	1. 25	88. 43	12. 27	36. 92	5. 12	1. 49	0. 21
2011	164. 50	22. 27	9. 54	1. 29	94. 78	12. 83	40. 06	5. 42	1. 56	0. 21
2012	172. 58	22. 03	9. 79	1. 25	97. 26	12. 42	42. 73	5. 45	1. 61	0. 20
2013	182. 00	21. 63	10. 50	1. 25	107. 05	12. 73	45. 87	5. 45	1. 63	0. 19
2014	212. 24	22. 93	15. 02	1. 62	136. 19	14. 71	47. 47	5. 13	1. 87	0. 20
2015	222. 19	23. 95	12. 75	1. 37	139. 29	15. 02	51. 15	5. 51	1. 92	0. 21
2016	224. 08	23. 93	13. 62	1. 45	137. 86	14. 72	52. 04	5. 56	1. 94	0. 21
累计数量	2312. 37		151. 92		1426. 55		601. 46		24. 18	
年均增速	7. 52		4. 76		7. 09		5. 34		3. 96	

年份	6. 灌溉碳排		7. 稻田碳排		8. 畜禽养殖碳排		碳排总量	总量增速	碳排强度（吨/万元）	强度增速
	数量	比重	数量	比重	数量	比重				
2000	6. 34	0. 98	9. 01	1. 40	482. 57	74. 73	645. 77	—	1. 33	—
2001	6. 43	0. 96	8. 44	1. 26	492. 54	73. 42	670. 85	3. 88	1. 40	5. 96
2002	6. 25	0. 92	8. 64	1. 27	508. 53	74. 83	679. 55	1. 30	1. 34	-4. 72
2003	6. 25	0. 87	7. 74	1. 08	538. 32	74. 93	718. 43	5. 72	1. 08	-19. 03
2004	6. 36	0. 84	7. 69	1. 01	569. 34	74. 8	761. 20	5. 95	1. 08	-0. 23

续表

年份	6. 灌溉碳排		7. 稻田碳排		8. 畜禽养殖碳排		碳排总量	总量增速	碳排强度（吨/万元）	强度增速
	数量	比重	数量	比重	数量	比重				
2005	6.56	0.82	7.96	0.99	594.06	74.05	802.25	5.39	1.04	-4.13
2006	6.83	0.83	7.84	0.95	594.23	72.38	821.01	2.34	1.01	-2.49
2007	7.10	0.86	8.18	0.99	579.63	70.22	825.39	0.53	0.89	-11.88
2008	7.32	0.95	8.08	1.04	492.67	63.70	773.42	-6.30	0.82	-8.45
2009	7.53	1.07	8.47	1.20	420.75	59.83	703.28	-9.07	0.68	-16.96
2010	7.62	1.06	7.71	1.07	419.19	58.19	720.41	2.44	0.51	-24.91
2011	7.95	1.08	8.13	1.10	412.06	55.79	738.58	2.52	0.52	2.50
2012	8.25	1.05	7.98	1.02	443.13	56.57	783.33	6.06	0.49	-5.40
2013	9.77	1.16	7.75	0.92	476.68	56.66	841.25	7.39	0.49	0.06
2014	9.89	1.07	8.65	0.93	494.28	53.40	925.61	10.03	0.51	3.95
2015	10.13	1.09	7.62	0.82	482.57	52.02	927.62	0.22	0.50	-2.19
2016	10.20	1.09	7.97	0.85	488.79	52.19	936.50	0.96	0.49	-3.28
累计数量	130.78		137.86		8489.34		13274.45		—	
年均增速	3.09		-0.75		0.13		2.40		-6.48	

资料来源：笔者整理计算而得。

4.3.1.1　农地碳排总量分析

由表 4.6 可知，新疆农地碳排总量由 2000 年的 645.77 万吨波动式地增长到 2016 年的 936.50 万吨，累计增加了 290.73 万吨，年均增长率为 2.40%。变化趋势可以分为三阶段，其中，2000 ~ 2007 年碳排量一直持续不断地增长，从 2008 年开始有所下降，到 2012 年都在 785 万吨以内小幅度地下降—增长波动，2013 年快速上升到 841.25 万吨，之后的 3 年里分别达到 925.61 万吨、927.62 万吨、936.50 万吨。笔者将新疆农地碳排量与中国其他 29 个省份的碳排量相比发现，新疆农地碳排总量从 2005 年的位列第 15 名上升到 2010 年的第 14 名，又上升到 2015 年的第 12 名。可见，新疆无论是与自己的历史相比，还是与其他省份相比，农地碳排量均呈现不断增长、越来越严重的趋势。

4.3.1.2　农地碳排结构分析

经计算，2000 ~ 2016 年，八类碳源累计碳排量下降排序为畜禽养殖碳排 >

化肥碳排>农膜碳排>柴油碳排>农药碳排>稻田碳排>灌溉碳排>翻耕碳排。从农地碳排的内部结构看，八类碳源中，畜禽养殖过程引发的碳排量始终位列第一名，在农地碳排总量占比中一直维持在50%以上，只是由2000年的占比74.73%逐渐减少到2016年的52.04%，其碳排量也出现三阶段“先升—后降—再升”的波动式变化。从2000年的482.57万吨一直持续增长到2007年的579.63万吨，2008年开始由492.67万吨减少到2011年的412.06万吨，之后慢慢增长一直到2016年的488.79万吨。畜禽养殖碳排量的波动与当年畜禽养殖数量的波动有直接联系。第二大碳源是化肥，从2000年的70.9万吨持续地增长到2016年的224.08万吨，年均增长率为7.52%，占比相应地由10.98%增大到23.93%。化肥使用量连年增长的原因主要有以下几点：一是多年来新疆耕地和园地面积不断增长，无论是粮食作物、经济作物还是林果对化肥的依赖度和需求量都在增加。二是由于规模化养殖的推进，新疆农业种养分离，源于畜禽粪便的有机肥还田率大大降低。而且随着农业机械的推广应用，机撒化肥越来越普遍，对农户而言效率高、省时省力又干净。三是市场对粮食和果蔬产量需求增加，与有机肥相比，化肥的增产、增收效果明显，农户偏爱化肥。四是国家对化肥生产企业连续多年提供相关补贴，大大刺激了化肥的生产量和销售量。尽管新疆很多地州市也在推广测土配方施肥，力求精准施肥，提高化肥使用效率，但是效果一般，并没有产生显著的“减肥”效果。第三大碳源是农膜，增长特点近似于化肥，由2000年的45.65万吨持续增长到2016年的137.86万吨，年均增长率为7.09%，占比相应地由7.07%增大到14.72%。农膜具有保温、保湿和防止杂草生长的作用，对于干旱区棉花增产起着非常重要的作用。在新疆耕地不断增长的过程中，棉花种植面积由2000年的1012.4千公顷增长到2016年的2154.91千公顷，产量由1485千克/公顷增加到1891千克/公顷，而每年农膜回收利用率不足1/3，大量残膜被埋于地下或者被农户偷偷焚烧，因此产生了大量的碳排放。第四大、第五大、第七大碳源分别是农用柴油、农药、灌溉用电，三者碳排量均呈现多年连续增长的趋势，年均增长率分别达到5.34%、4.76%、3.09%，可见，对新疆农地而言，农业能耗（柴油和用电）间接引发的碳排放不是最严重的，尽管农业机械作业率很高，但是节能机械的研发和应用在一定程度上减缓了能源的消耗。第六大碳源是稻田，水稻碳排量相对偏少，而且呈连续下降趋势，由

2000年的9.01万吨逐渐减少到2016年的7.97万吨，年均递减率为0.75%，主要是由于新疆大部分属于干旱区，受水资源缺乏的限制，稻田数量不断减少，相应的碳排放也就不断减少。碳排总量最少的是翻耕，其碳排量多年一直在1.06万~1.94万吨波动增长，年均增长率低主要由于新疆绝大部分作物是一年一熟，翻耕基本上是1~2次，土壤固碳受到的干扰偏小，相对其他省份而言，翻耕的碳排量要少得多。

4.3.1.3　农地碳排强度分析

碳排量的分析除了看绝对量外，也要分析相对量。碳排强度（Carbon Intensity）是指单位农林牧渔总产值对应的碳排放量，反映了一个地区为谋求农业经济发展付出的污染代价。碳排强度越低，表明农业经济发展质量越好；反之，则越差。一般而言，碳排强度会随着技术的进步和经济的发展而不断下降。但是碳排强度低不能绝对表明经济效率是高的；反之，碳排强度高也不意味着经济效率就是低的，因为强度还受到产业结构等因素的影响。由表4.6可知，新疆农地碳排强度整体呈下降趋势，每万元农业总产值碳排由2000年的1.33吨降为2016年的0.49吨，年均递减率为6.48%。而且呈现较为明显的两阶段变化特征：2000~2010年，碳排强度以较快速度下降，2011~2016年农地碳排强度递减速度趋缓，这也表明碳排强度并不是随经济增长呈线性递减规律。农地碳排强度总体呈递减主要原因是农业产值增长速度远远大于农地碳排的增长速度，这表明新疆农业发展在降低碳排强度方面是有很大潜力的。

4.3.2　新疆农地碳排量空间差异分析

新疆各地州市资源禀赋条件差异大，农业要素投入强度有所不同，产业结构特征差异也比较显著，因此碳排放也呈现较大差距。

4.3.2.1　各地州市农地碳排总量与结构分析

由表4.7可知，2016年，新疆14个地州市农地碳排量居前三位的是喀什地区、伊犁州直属和阿克苏地区，分别是190.62万吨、165.86万吨和114.09万吨，其碳排量分别占全疆农地碳排总量的16.06%、13.98%和9.61%。碳排量较少的是克拉玛依市、吐鲁番市和哈密市，分别是2.60万吨、13.09万吨和13.62万吨，其碳排量分别占全疆农地碳排总量的0.22%、1.10%和1.15%。

表 4.7　2016 年新疆各地州市农地碳排量及碳排强度

地州	化肥碳排（万吨）	农药碳排（万吨）	农膜碳排（万吨）	柴油碳排（万吨）	翻耕碳排（万吨）	灌溉碳排（万吨）	稻田碳排（万吨）
乌鲁木齐市	0.75	0.14	11.48	0.92	0.0457	0.12	0.52
克拉玛依市	0.66	0.01	0.22	0.26	0.0198	0.03	0.01
吐鲁番市	2.56	0.11	1.55	1.52	0.0227	0.09	0.00
哈密市	2.34	0.04	0.76	0.91	0.041	0.11	0.00
昌吉州	15.96	1.12	8.07	6.23	0.2965	1.15	0.04
伊犁州直属	11.92	0.86	46.25	1.75	0.2666	2.31	1.68
塔城地区	22.49	1.03	11.64	5.52	0.2939	1.06	0.10
阿勒泰地区	4.23	1.44	19.29	7.80	0.0854	0.42	0.00
博州	6.55	0.02	0.62	0.50	0.0637	0.34	7.16
巴州	18.02	5.56	16.48	5.59	0.152	0.64	10.02
阿克苏地区	31.26	0.30	2.52	1.92	0.2898	1.34	31.06
克州	2.06	1.67	10.33	11.77	0.0249	0.10	6.77
喀什地区	32.57	1.17	6.83	4.76	0.25	1.52	55.33
和田地区	6.74	0.17	1.82	2.59	0.0813	0.44	20.65

地州	种植业碳排合计（万吨）	种植业碳排占比（%）	畜禽养殖碳排（万吨）	畜禽养殖碳排占比（%）	农地碳排总量（万吨）	碳排强度（吨/万元）	各地州碳排占比（%）
乌鲁木齐市	13.98	63.63	7.99	36.37	21.97	0.57	1.85
克拉玛依市	1.21	46.53	1.39	53.47	2.60	0.20	0.22
吐鲁番市	5.85	44.70	7.24	55.30	13.09	0.16	1.10
哈密市	4.20	30.84	9.42	69.16	13.62	0.24	1.15
昌吉州	32.87	41.10	47.10	58.90	79.97	0.25	6.74
伊犁州直属	65.04	39.21	100.82	60.79	165.86	0.59	13.98
塔城地区	42.13	47.17	47.19	52.83	89.32	0.32	7.53
阿勒泰地区	33.27	45.29	40.18	54.71	73.45	0.90	6.19
博州	15.25	61.47	9.56	38.53	24.81	0.29	2.09
巴州	56.46	66.51	28.43	33.49	84.89	0.30	7.15
阿克苏地区	68.69	60.21	45.40	39.79	114.09	0.40	9.61
克州	32.72	66.52	16.47	33.48	49.19	1.50	4.15
喀什地区	102.43	53.74	88.19	46.26	190.62	0.37	16.06
和田地区	32.49	45.19	39.41	54.81	71.90	0.53	6.06

资料来源：笔者整理计算而得。

从碳排结构分析，将农地碳排分为两大部分，一部分是种植业碳排，另一部分是畜牧业碳排，根据两者的比例关系可将地区分为三类：如果两者比例相当，该地区就属于碳排复合型地区；如果种植业碳排比重大大高于畜牧业，该地区就属于种植业主导地区；反之为畜牧业主导地区。据此分法，①种植业主导地区有：乌鲁木齐市、博州、巴州、阿克苏地区和克州。②畜牧养殖主导地区有：阿勒泰地区、伊犁州直属、和田地区、哈密市、昌吉州。③复合型地区有：吐鲁番市、克拉玛依市、塔城地区和喀什地区。

4.3.2.2　各地州市农地碳排强度分析

由表4.7数据可知，14个地州市中，碳排强度较低的前三位是吐鲁番市、克拉玛依市、哈密市，分别是0.16吨/万元、0.20吨/万元和0.24吨/万元，这三个地区为实现每万元的农业产值，产生的碳排放相对较低。而碳排强度较高的前三位是克州、阿勒泰地区、伊犁州直属，分别是1.50吨/万元、0.90吨/万元和0.59吨/万元。

4.3.3　新疆农地类型变化的碳排放效应分析

4.3.3.1　农地类型变化对单位碳排放效果的影响分析

农地类型转变是影响碳排、碳汇增减变化的重要因素。一般而言，耕地、建设用地会贡献碳排量，林地、草地则贡献碳汇量。因此，退耕还林还草以及建设用地还农等措施不仅可以减少碳排量，还能增加碳汇。反之，毁林毁草开荒、农地被建设用地挤占则会导致碳排放大幅上升。通过合理评估农地类型转变引发的碳排放效应，增进人们的科学认知，对促进农地科学利用无疑具有重要的学术意义和现实意义。

（1）方法与资料来源。

本书采用“差值法”确定农地类型转变所引起的碳排放效应。以耕地、林地转换为例，假设单位面积耕地的碳排系数为A，单位面积林地的碳汇系数为-B，单位面积草地的碳汇系数为-C、单位面积建设用地的碳排系数为D，那么可以得到以下结论（如表4.8所示）：①退耕还林的碳汇效果应为-(A+(-B))。②毁林开荒的碳排效果应为(A+(-B))。③退耕还草的碳汇效果应为-(A+(-C))。④毁草开荒的碳排效果应为(A+(-C))。⑤建设用地转为耕地的碳减排效果应为

(A－D)。⑥耕地转为建设用地的碳增排效果应为(D－A)。⑦建设用地转为林地的碳汇效果等于－((－B)＋D)。⑧林地转为建设用地的碳排效果等于－((－B)＋D)。⑨建设用地转为草地的碳汇效果等于－((－C)＋D)。

表 4.8　农地类型转变后的碳排放效应

假设	转换方式	碳排效果	碳汇效果
单位面积耕地的碳排系数为－A； 单位面积林地的碳汇系数为－B； 单位面积草地的碳汇系数为－C； 单位面积建设用地的碳排系数为－D；	退耕还林		B－A
	毁林开荒	A－B	
	退耕还草		C－A
	毁草开荒	A－C	
	建设用地转耕地		A－D
	耕地转建设用地	D－A	
	建设用地转为林地		B－D
	林地转为建设用地	B－D	
	建设用地转为草地		C－D

耕地碳排放强度来自前文表 4.6，林地碳汇系数、建设用地碳排系数参考黄贤金（2009）和李波（2011）的研究成果，分别为每公顷 490 千克（B 即 0.49 吨）和每公顷 55800 千克（D 即 55.8 吨），草地碳汇系数参考方精云等学者研究成果，为每公顷 21 千克（C 即 0.021 吨）。不考虑林草品种、年龄差异和降水、温度等气候条件的年际变化影响，假设林地、草地、建设用地的碳排、碳汇系数不变，而耕地碳排放强度数据采用历年变化值。

（2）结果及分析。

结合上文思路和相关数据，得出新疆农地类型变更引发的每公顷碳排放效应，如表 4.9 所示。研究期间，建设用地转为耕地的碳汇量基本维持在 53000～55000 千克/公顷，每公顷退耕还草碳汇量在 1400～2200 千克波动，每公顷退耕还林碳汇量在 900～1700 千克波动。显然，建设用地转为耕地的碳汇效果要大大地高于退耕还草和退耕还林。相反地，如果耕地转为建设用地，毁草开荒、毁林开荒则产生相应数量的碳排。农地利用类型转化引发的碳排碳汇效应不容忽视，应该通过加强土地用途管理，抑制温室气体排放，充分发挥农地的碳汇功能。

表4.9 新疆农地类型转变对单位面积碳排碳汇效应影响分析

单位：千克/公顷

年份	耕地碳排强度	退耕还林	退耕还草	建设用地转为耕地	毁林开荒	毁草开荒	耕地转为建设用地
2001	1970. 71	-1480. 71	-1949. 71	-53829. 30	1480. 71	1949. 71	53829. 29
2002	1953. 64	-1463. 64	-1932. 64	-53846. 40	1463. 64	1932. 64	53846. 36
2003	2070. 25	-1580. 25	-2049. 25	-53729. 80	1580. 25	2049. 25	53729. 75
2004	2131. 08	-1641. 08	-2110. 08	-53668. 90	1641. 08	2110. 08	53668. 92
2005	2151. 88	-1661. 88	-2130. 88	-53648. 10	1661. 88	2130. 88	53648. 12
2006	1951. 88	-1461. 88	-1930. 88	-53848. 10	1461. 88	1930. 88	53848. 12
2007	1878. 35	-1388. 35	-1857. 35	-53921. 70	1388. 35	1857. 35	53921. 65
2008	1704. 74	-1214. 74	-1683. 74	-54095. 30	1214. 74	1683. 74	54095. 26
2009	1493. 09	-1003. 09	-1472. 09	-54306. 90	1003. 09	1472. 09	54306. 91
2010	1513. 89	-1023. 89	-1492. 89	-54286. 10	1023. 89	1492. 89	54286. 11
2011	1482. 05	-992. 05	-1461. 05	-54318. 00	992. 05	1461. 05	54317. 95
2012	1524. 95	-1034. 95	-1503. 95	-54275. 10	1034. 95	1503. 95	54275. 05
2013	1613. 97	-1123. 97	-1592. 97	-54186. 00	1123. 97	1592. 97	54186. 03
2014	1544. 11	-1054. 11	-1523. 11	-54255. 90	1054. 11	1523. 11	54255. 89
2015	1514. 21	-1024. 21	-1493. 21	-54285. 80	1024. 21	1493. 21	54285. 79
2016	1506. 29	-1013. 45	-1488. 43	-54316. 70	1033. 37	1525. 62	54297. 98

资料来源：笔者整理计算而得。

4.3.3.2 建设占用耕地和生态退耕的碳排放效应分析

结合新疆实际情况，建设占用耕地（即耕地转为建设用地）和生态退耕（即退耕还林）是两种最为普遍的农地利用转换类型。结合前文新疆多年耕地变更数据，计算新疆建设占用耕地和生态退耕引发的碳排放效应变动情况将有助于我们把握农地碳排规律，从而合理利用农地，保护农地生态环境。

由表4.10可知，2001~2016年，新疆建设占用耕地导致的碳排放总体呈现波动式的增长趋势，尤其是2014年之后的连续3年，建设占用碳排量较大；而生态退耕产生的碳汇量总体呈减少趋势，碳汇量峰值出现在2002年（如图4.8所示）。2001年，建设占用耕地引发7.18万吨碳排量，到2016年升至28.96万吨，年均增长9.74%，而生态退耕的碳汇量由2001年的9.97万吨减少为2016年的0.01万吨，年均递减率为36.89%。从多年累计情况看，16年间，建设占用耕地产生的碳排量合计为230.74万吨，生态退耕产生的碳汇量合计为229.21

万吨，两者基本持平。建设占用增加的碳排量需要生态退耕的碳汇量去平衡，否则就会产生净碳排，加剧温室效应，加剧气候变暖。

表 4.10　2001～2016 年新疆建设占用耕地和生态退耕碳排放变化情况

年份	建设占用耕地			生态退耕		
	面积（公顷）	转化系数（千克/公顷）	碳排量（万吨）	面积（公顷）	转化系数（千克/公顷）	碳汇量（万吨）
2001	1334	53829.29	7.18	6734	-1480.71	-9.97
2002	3624	53846.36	19.51	67197	-1463.64	-98.35
2003	2409	53729.75	12.94	49895	-1580.25	-78.85
2004	1914	53668.92	10.27	14891	-1641.08	-24.44
2005	2588	53648.12	13.88	5772	-1661.88	-9.59
2006	1577	53848.12	8.49	2273	-1461.88	-3.32
2007	1545	53921.65	8.33	733	-1388.35	-1.02
2008	1273	54095.26	6.89	545	-1214.74	-0.66
2009	1273	54306.91	6.91	545	-1003.09	-0.55
2010	1273	54286.11	6.91	545	-1023.89	-0.56
2011	1273	54317.95	6.91	545	-992.05	-0.54
2012	1273	54275.05	6.91	545	-1034.95	-0.56
2013	1273	54186.03	6.90	545	-1123.97	-0.61
2014	8144	54255.89	44.19	149	-1054.11	-0.16
2015	6551	54285.79	35.56	17	-1024.21	-0.02
2016	5334	54297.98	28.96	58	-1013.45	-0.01
合计	42658	—	230.74	150989	—	-229.21

资料来源：建设占用耕地和生态退耕面积数据源自《中国环境统计年鉴》（2002～2017）。

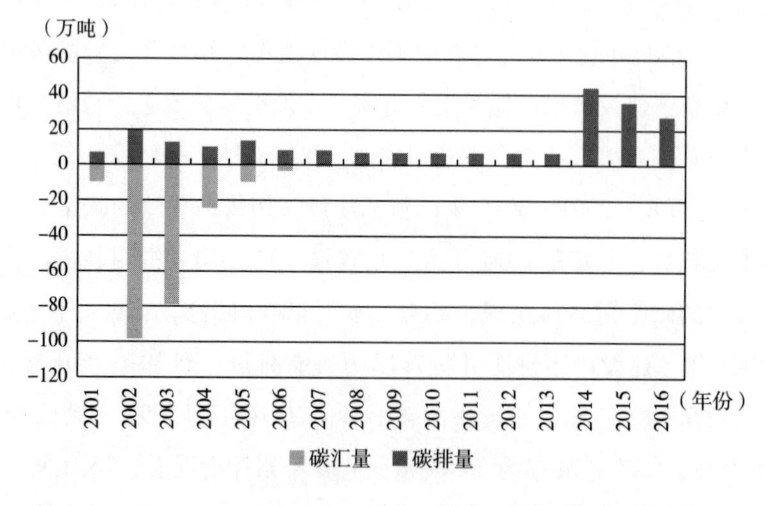

图 4.8　2001～2016 年新疆建设占用耕地和生态退耕碳排放变化情况

4.4　新疆农地碳汇量时空特征分析

4.4.1　新疆农地碳汇量时序特征分析

根据相关数据，大致估算新疆2000～2016年林地、园地和草地碳汇量，如表4.11所示。总体而言，16年间，新疆农地碳汇总量呈增长趋势，由2000年的433.32万吨增长到2016年的528.07万吨，累计增长了94.75万吨，年均增长率为1.24%，显然低于农地碳排的年均增长速度。其中，林地碳汇占比较大，基本维持在74%～84%，表明近十几年，新疆天然林、人工林等十大防护林生态保护工程取得了一定成效，退耕还林工作也有序推进，在一定程度上增加了土壤植被，林地碳汇功能得以维护，但是也需要认识到由于新疆冬季时间较长，林木蓄积量增长速度远远赶不上气候相对温和的东部地区森林蓄积速度。园地碳汇量增长速度最快，由2000年的3.75万吨增加到2016年的13.08万吨，年均增长率达到8.12%。主要原因是多年来，自治区党委、人民政府大力发展林果业，将特色林果与粮食、棉花、畜牧业并列作为农村经济的四大支柱产业强力推进。全疆的红枣、核桃、香梨、苹果等特色林果主产区广泛分布于环塔里木盆地，而吐哈盆地、伊犁河谷及天山北坡经济带以葡萄、枸杞为主。林果业的蓬勃发展不仅为新疆果农带来了经济收益，也为绿化区域自然环境、净化空气发挥了一定的功能。而草地碳汇量则由2000年的107.87万吨递减到2016年的75.10万吨，减少了32.77万吨，年均递减率为2.24%。草地碳汇量的减少主要反映了新疆多年草地退化的严酷现实，尽管有实施退牧还草、退耕还草工程，并通过草原禁牧和草畜平衡等措施助力草原生态恢复，但是由于水资源条件的限制、多年贫困地区过度放牧以及大肆挖掘野生草药活动，草原治理的速度还是赶不上沙化、退化的损失速度。

表 4.11 2000～2016 年新疆农地碳汇量

年份	林地碳汇		园地碳汇		草地碳汇		碳汇总量（万吨）	环比增速（%）
	数量（万吨）	比重（%）	数量（万吨）	比重（%）	数量（万吨）	比重（%）		
2000	321.70	74.24	3.75	0.87	107.87	24.89	433.32	—
2001	323.59	74.20	4.66	1.07	107.85	24.73	436.10	0.64
2002	327.61	74.19	6.21	1.41	107.76	24.40	441.58	1.26
2003	331.21	74.29	7.05	1.58	107.55	24.12	445.81	0.96
2004	331.21	74.29	7.05	1.58	107.55	24.12	445.81	0.00
2005	331.21	74.29	7.05	1.58	107.55	24.12	445.81	0.00
2006	331.21	74.29	7.05	1.58	107.55	24.12	445.81	0.00
2007	331.21	74.29	7.05	1.58	107.55	24.12	445.81	0.00
2008	331.21	74.29	7.05	1.58	107.55	24.12	445.81	0.00
2009	439.86	83.25	13.25	2.51	75.22	14.24	528.33	18.51
2010	439.85	83.25	13.30	2.52	75.20	14.23	528.35	0.00
2011	439.72	83.26	13.26	2.51	75.16	14.23	528.14	-0.04
2012	439.56	83.27	13.19	2.50	75.12	14.23	527.87	-0.05
2013	439.42	83.28	13.16	2.49	75.09	14.23	527.67	-0.04
2014	439.3	83.28	13.12	2.49	75.06	14.23	527.48	-0.04
2015	439.44	83.29	13.08	2.48	75.09	14.23	527.61	0.02
2016	439.89	83.30	13.08	2.48	75.10	14.22	528.07	0.09
年均增速	1.97	—	8.12	—	-2.24	—	1.24	—

资料来源：笔者整理计算而得。

4.4.2 新疆农地碳汇量空间差异分析

本书计算了 2016 年新疆 14 个地州市农地的碳汇量，如表 4.12、图 4.9 所示。从农地碳汇总量看，位居前三位的是阿勒泰地区、伊犁州直属和巴州，分别为 157.36 万吨、152.98 万吨、76.99 万吨。碳汇量较少的是乌鲁木齐市、昌吉州和克拉玛依市，其碳汇量分别是 4.54 万吨、3.53 万吨和 1.60 万吨。

表4.12 2016年新疆各地州市农地碳汇量

地州	林地碳汇		草地碳汇		园地碳汇		碳汇量合计（万吨）	碳汇量排名
	数量（万吨）	比重（%）	数量（万吨）	比重（%）	数量（万吨）	比重（%）		
乌鲁木齐市	2.83	62.38	1.69	37.25	0.02	0.37	4.54	12
克拉玛依市	1.38	86.22	0.22	13.75	0.00	0.03	1.60	14
吐鲁番市	6.55	73.30	1.55	17.34	0.84	9.36	8.94	10
哈密市	12.54	57.41	8.81	40.33	0.49	2.26	21.84	6
昌吉州	1.51	42.81	1.68	47.62	0.34	9.57	3.53	13
伊犁州直属	119.06	77.83	33.28	21.75	0.64	0.42	152.98	2
塔城地区	39.33	76.23	12.11	23.47	0.15	0.30	51.59	4
阿勒泰地区	139.36	88.56	17.68	11.24	0.32	0.20	157.36	1
博州	9.00	71.37	3.58	28.39	0.03	0.24	12.61	8
巴州	52.13	67.71	23.10	30.00	1.76	2.29	76.99	3
阿克苏地区	2.29	40.81	0.60	10.69	2.72	48.50	5.61	11
克州	4.49	40.18	6.27	56.10	0.42	3.70	11.18	9
喀什地区	17.41	71.01	3.38	13.79	3.73	15.21	24.52	7
和田地区	31.44	83.75	4.61	12.28	1.49	3.97	37.54	5

资料来源：笔者整理计算而得。

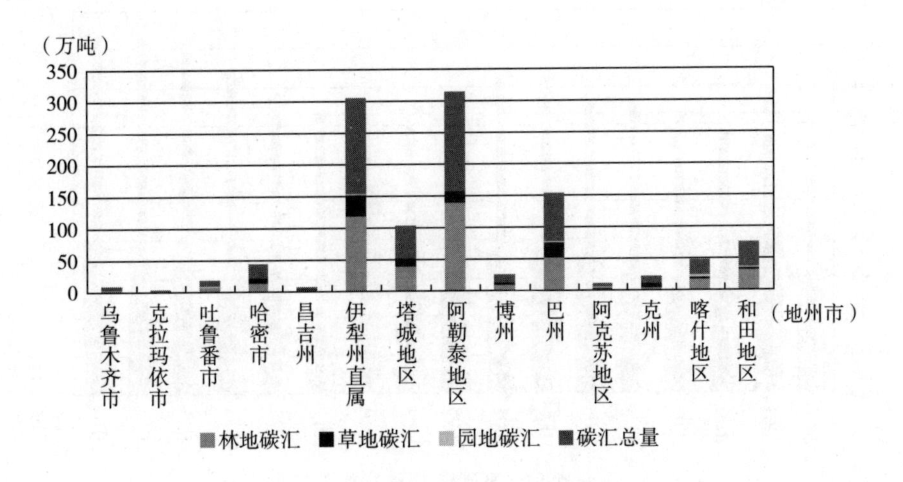

图4.9 新疆各地州市碳汇量对比

4.5 新疆农地净碳排分析

农地净碳排放就是农地碳排总量扣除碳汇总量后的差值，如果为正，表明该地区碳排量大于碳汇量，是温室气体“重灾区”；如果为负，表明该地区碳排量小于碳汇量，是温室气体的“免疫区”。通过计算新疆及各地州市农地净碳排，可以从时间和空间两个角度去甄别新疆农地碳排的情况，进而制定差异化的减排政策。

4.5.1 新疆农地净碳排时序特征分析

由图4.10可知，2000～2016年新疆农地净碳排始终为正值，并且呈现“N形”特征，由2000年的212.45万吨增长到2007年的379.58万吨，然后下降到2009年的174.95万吨，之后又是快速增长，到2016年达到408.43万吨。这充分表明现代化农业发展过程中，新疆农地实则起着碳源作用，林地、园地和草地的碳汇量无法平衡农业生产活动中的碳排量，新疆农地已经演化成为温室效应加剧的“推手”，人们必须重新认识到农地利用过程中的碳排问题。

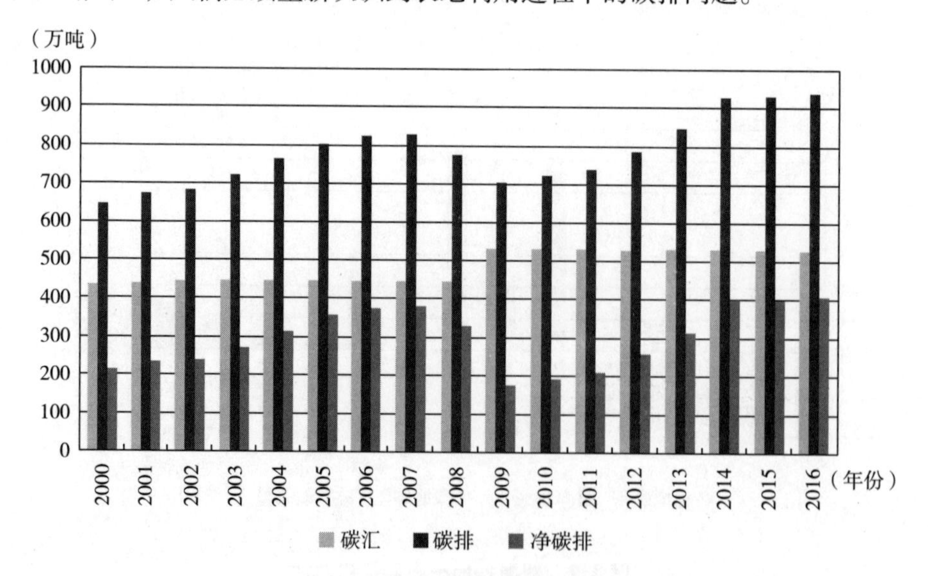

图4.10 2000～2016年新疆农地净碳排变动趋势

4.5.2　新疆农地净碳排空间差异分析

如图4.11所示，2016年新疆14个地州市中，只有阿勒泰地区、哈密市的净碳排为负值，分别为-83.91万吨、-8.22万吨，发挥碳汇作用，其他地州市的净碳排皆为正值，发挥碳源作用，其中喀什地区净碳排量居首位，为166.1万吨，可能的原因是：各地州市相比，喀什地区的农作物种植面积和养殖规模均是比较靠前的，必然造成碳排放的规模效应。因此，对于喀什地区，其碳减排措施要考虑其农业内部产业结构，避免产业结构调整后的碳排放此消彼长的问题。净碳排量位居第二位和第三位的依次是阿克苏地区、昌吉州，分别为108.48万吨、76.44万吨。总之，对于净碳排区域，要强化造林工程质量，结合地区气候特征，选取生物蓄积量较容易、较迅速累积的生态林种或果品树种，在保证经济收益的同时，尽可能地增大生态效益。

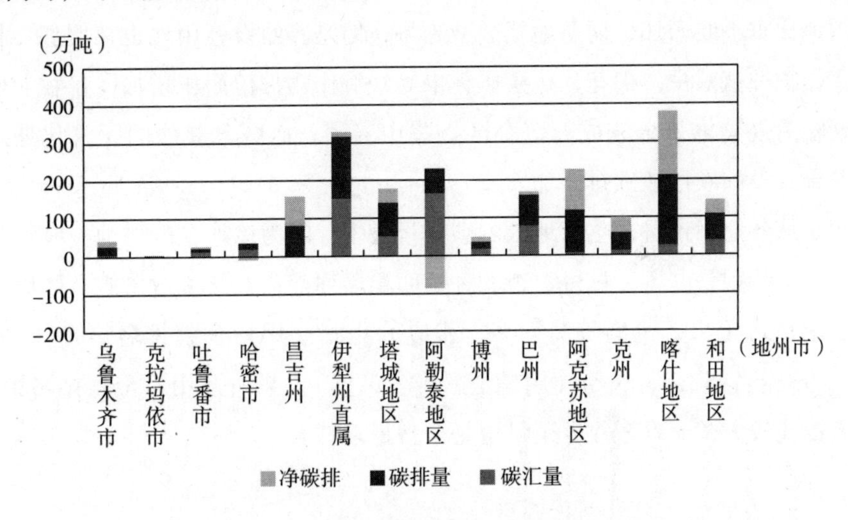

图4.11　新疆各地州市农地净碳排量对比

4.6　新疆农地碳排增长的原因总结

通过本章数据整理，可以总结出新疆农地碳排量连年增长这一问题的原因有以下几点：

一是土地利用结构失宜。随着人口的增加和城镇化的发展，建设用地增长迅速，挤占了大量农用地，相当于弱化了农地的碳汇功能。同时由于土地开发政策和农业产业结构调整措施的实施，耕地面积大量增加，带动化肥、农药、农膜、农用柴油等要素的规模化增量投入，从而引发了更多碳排放。尽管新疆多年坚持实施退耕还林工程，但是数量有限，林地面积增长较为缓慢，而且存在林木管护疏漏、林木生态用水供给不足、林带建设不够科学、断带缺苗等现象，林地蓄积量增长缓慢，因此林地碳汇功能不强。草地面积锐减且草地质量不高，其碳汇功能趋减。综合导致农地碳排大于碳汇。

二是农地利用方式不当。尽管化肥、农药、农膜等能够促进产量的提升，机械化作业在一定程度上减少了劳动力投入，提高了农业生产效率，但是这些要素都具有“高碳”的特征。

三是产业结构调整不够理想。农地结构调整是产业结构调整的基础。新疆耕地、园地比重不断增加，而草地呈递减趋势，但是养殖设施用地也在增加。相应的粮食作物种植减少，棉花、蔬菜、林果等经济作物种植面积增加，畜牧业由散养逐渐转为规模化（企业或养殖小区）集中养殖，而畜禽粪便的无害化处理不到位，导致设施农用地碳排增加。

四是从各地州市看，喀什地区的碳排量最多，因为该地区的耕地、园地面积都比较多，特别是红枣、核桃、杏的种植面积名列前茅，核桃对氮肥、磷肥和钾肥的需求量比苹果、柑橘等高得多，相应的化肥（用量全疆排名第一）、农膜（用量全疆排名第二）、农药（用量全疆排名第四）、柴油（用量全疆排名第二）等投入都比较大，而且畜牧养殖量也是全疆最多的。

4.7 本章小结

本章测算了2000~2016年新疆及各地州市（2016年）农地的碳排量、碳汇量和净碳排，从时间和空间两个维度对新疆农地碳排特征进行分析。主要结论有：

（1）新疆农地资源丰富，但是农业现代化进程中，由于化学性和机械性生

产要素的投入以及大范围、大规模的畜禽养殖活动引发了大量温室气体排放，测算结果表明新疆农地碳汇功能弱于碳排功能，是温室效应加剧的“推手”；从各地州市来看，只有阿勒泰地区和哈密市的碳汇功能强于碳排功能，是温室效应减缓的“助手”，其他地州市中喀什地区、阿克苏地区和昌吉州的净碳排相对比较严重。

（2）从农地碳排结构看，全疆范围内，畜禽养殖碳排 > 化肥碳排 > 农膜碳排 > 柴油碳排 > 农药碳排 > 稻田碳排 > 灌溉碳排 > 翻耕碳排。各地州市种植业碳排总量排序为：喀什地区 > 阿克苏地区 > 伊犁州直属 > 巴州 > 塔城地区 > 阿勒泰地区 > 昌吉州 > 克州 > 和田地区 > 博州 > 乌鲁木齐市 > 吐鲁番市 > 哈密市 > 克拉玛依市，各地州畜禽养殖碳排总量排序为：伊犁州直属 > 喀什地区 > 塔城地区 > 昌吉州 > 阿克苏地区 > 阿勒泰地区 > 和田地区 > 巴州 > 克州 > 博州 > 哈密市 > 乌鲁木齐市 > 吐鲁番市 > 克拉玛依市。

（3）从农地碳排强度看，随着时间的推移，2000~2016年新疆农地碳排强度呈逐渐递减趋势，各地州市碳排强度排序为：克州 > 阿勒泰地区 > 伊犁州直属 > 乌鲁木齐市 > 和田地区 > 阿克苏地区 > 喀什地区 > 塔城地区 > 巴州 > 博州 > 昌吉州 > 哈密市 > 克拉玛依市 > 吐鲁番市。

（4）在土地利用结构方面，建设用地的增，在一定程度上挤占了大量农用地，削弱了农用地的碳汇功能。

以上结论应引起人们的重视，重视农地碳排问题，尽快实现农地利用的转型升级和结构调整，落实农田减肥减药，加强残膜回收治理以及畜禽粪便综合利用工作，加大林草生态建设修复工作，提升林草碳汇功能等。

本章论证结论为第9章农地碳减排总体思路“9.1.3　实施地区差异化减排增汇”和总原则“9.2.1　公平与效率兼顾”“9.2.4　减排增汇双驱动”的提出做了实证铺垫。

第5章　新疆农地碳排影响因素分解及脱钩效应分析

农地碳排对经济和社会发展的不利影响日益突出。为了应对气候变暖、实现农地碳减排目标，须精准把握农地碳排增长的驱动因素，判别碳排放与经济增长的关系。依据第4章内容，大体判断出新疆农地碳排受农地结构调整、产业结构调整、农地利用方式等因素影响，而众多研究表明，经济效率、劳动力规模、劳动力非农就业、机械化作业程度、城镇化水平等也可能对碳排放产生影响。新疆是农牧大省，与中东部省份相比，经济发展相对落后，城镇化水平不高，农业生产方面具备规模化、机械作业的条件，农业劳动力迁入和迁出比较频繁，究竟这些因素对碳排放增长贡献有多大？碳排放与农业经济增长呈现何种关系。本章将运用LMDI分解方法对农地碳排驱动因素进行定量分解，认清各因素的影响效应和影响程度，然后运用Tapio脱钩模型判定农地碳排与农业经济增长的关系，进一步挖掘碳排增长背后的原因，为新疆农地减排增汇提供实证依据。由前一章分析结论可知，新疆农地多年来都是碳排量大于碳汇量，发挥碳源功能，为排除碳汇量干扰，达到透彻分析目的，本章对农地碳排量进行分解，而不是净碳排。

5.1　农地碳排主要影响因素概况分析

5.1.1　农地利用效率因素

农地利用效率是碳排放的重要影响因素。在产出水平既定的情况下，农业物资投入越少，农地产出效率越高，资源利用率越高，相应的碳排放就会越少；反之亦然。由表5.1可知，新疆整体农地利用效率呈明显上升趋势。2000～2016年，每万元的农业产值所消耗的化肥、农药、农膜和农用柴油均呈现下降趋势，其中，农药投入的年均减速最大，其次是农用柴油、农膜，化肥年均减速最慢。据农业部测土配方施肥小组反馈的调查意见，新疆生产建设兵团化肥投入过量，有机肥施用不足，而新疆是化肥投入不均衡，有机肥也施用不足。因此，化肥减量化仍有很大的空间。总之，农业化学品投入的减少，一方面提高了农地产出效率，另一方面减少了碳排放。化肥需求的下降虽然学术界未有定论，但化肥对农产品产量的贡献大于对质量的贡献应无太多异议。2017年12月28日至29日召开的中央农村工作会议明确指出，“深化农业供给侧结构性改革，走质量兴农之路”“加快推进农业由增产导向转向提质导向”，这是国家高质量发展政策在农业方面的具体体现。随着政策的逐步落实，必然会造成化肥需求的下降。

表5.1 2000～2016年新疆每万元农业产值的化学品投入量

年份	化肥投入		农药投入		农膜投入		农用柴油投入	
	用量（万吨）	增速（%）	用量（万吨）	增速（%）	用量（万吨）	增速（%）	用量（万吨）	增速（%）
2000	0.1625	—	0.0028	—	0.0181	—	0.0814	—
2001	0.1677	3.19	0.0025	-9.15	0.0211	16.53	0.0928	13.93
2002	0.1606	-4.24	0.0022	-13.64	0.0184	-12.51	0.0762	-17.92
2003	0.1318	-17.89	0.0018	-19.74	0.0144	-21.70	0.0645	-15.33
2004	0.1321	0.21	0.0016	-6.79	0.0141	-2.54	0.0609	-5.54
2005	0.1297	-1.84	0.0018	7.22	0.0139	-0.88	0.0583	-4.22
2006	0.1354	4.43	0.0018	0.50	0.0146	4.37	0.0560	-3.96
2007	0.1237	-8.68	0.0016	-11.59	0.0133	-8.71	0.0475	-15.21
2008	0.1265	2.31	0.0016	0.18	0.0144	8.09	0.0487	2.47
2009	0.1194	-5.61	0.0014	-10.80	0.0122	-15.09	0.0459	-5.66
2010	0.0908	-24.01	0.0010	-29.33	0.0092	-24.19	0.0337	-26.53
2011	0.0939	3.50	0.0010	0.12	0.0094	1.20	0.0346	2.49
2012	0.0847	-9.85	0.0009	-11.85	0.0083	-11.83	0.0317	-8.45
2013	0.0800	-5.47	0.0008	-3.64	0.0081	-1.34	0.0305	-3.72
2014	0.0864	7.90	0.0011	32.32	0.0096	17.71	0.0292	-4.25
2015	0.0885	2.44	0.0009	-16.94	0.0096	0.07	0.0308	5.42
2016	0.0843	-4.76	0.0009	0.86	0.0090	-6.51	0.0296	-3.95
年均增速（%）	-4.28	—	-7.07	—	-4.57	—	-6.53	—

资料来源：《新疆统计年鉴》（2001～2017）。

5.1.2 农业产业结构因素

产业结构也是影响碳排放的重要因素。若要实现农地碳减排，就要相应地调整农业用地类型，调整产业结构，实现农业产业结构的升级。比如，大力实施退耕还林、退耕还草生态工程。在保证粮食安全的前提下，将产出效率低下的耕地转为林地或草地，使之由碳源转为碳汇。就种植业结构而言，不同的农作物生长需要的肥料、农药、水分投入不同，相应的这些要素投入间接引发的碳排放量就不同，同时不同种类的农作物本身的碳汇功能也存在差异，因此，通过农作物种植结构的调整也可以实现减排增汇。此外，发展渔业藻类、贝类养殖，也可以发挥渔业碳汇功能。

现代化生产技术手段促进了农业经济的快速增长。由表 5.2 可知，新疆农业总产值由 2000 年的 487.20 亿元增加到 2016 年的 2969.70 亿元，增加了 6 倍多，年均增长率达到 12.81%。从内部结构看，年均增长率由大到小依次是林业、种植业、渔业和畜牧业，对应的增长率分别为 12.72%、12.69%、12.48% 和 12.31%。从 2000~2016 年的产值比重看，新疆种植业产值占比基本维持在 74%~78%，林业产值占比为 0.89%~1.17%，畜牧业产值占比由 2000 年的 19.74% 一直上升到 2008 年的 22.76%，之后慢慢下降，到 2016 年占比为 20.2%。而渔业产值占比比较稳定，维持在 0.38%~0.4%。从产业结构变化看，种植业和畜牧业呈现“你升我降，你降我升”互动格局，2000~2008 年是种植业比重不断减少，畜牧业比重不断上升的阶段，2008~2016 年是种植业比重又慢慢上升，而畜牧业比重相对下降的阶段。而种植业和畜牧业占比合计基本都是在 97%~98%，林业占比一直呈现不断上升的态势，渔业占比则呈现波浪式的微微变动状态，基于新疆水资源匮乏的自然条件，在发展渔业碳汇上存在劣势。整体而言，目前种植业的碳源功能远远大于其碳汇功能，而林业主要发挥碳汇功能；畜牧业对应草地，尽管草地自身有碳汇功能，但畜禽养殖过程的碳排放是草地无法抵消的，如图 5.1 所示。

表 5.2 2000~2016 年新疆农林牧渔产值对比

年份	农业总产值（亿元）	种植业（亿元）	林业（亿元）	畜牧业（亿元）	渔业（亿元）
2000	487.20	360.54	8.35	114.51	3.80
2001	496.81	348.84	10.08	134.02	3.86

续表

年份	农业总产值（亿元）	种植业（亿元）	林业（亿元）	畜牧业（亿元）	渔业（亿元）
2002	525.04	362.77	11.09	148.04	3.15
2003	688.32	482.76	13.69	161.98	3.21
2004	750.68	515.00	13.82	187.47	4.30
2005	831.06	595.85	15.29	183.52	4.34
2006	883.54	638.60	17.20	189.07	4.69
2007	1063.46	766.95	20.86	231.51	7.01
2008	1176.69	784.19	23.18	318.23	9.91
2009	1297.61	898.62	26.65	318.37	11.14
2010	1846.18	1376.89	35.27	375.79	12.67
2011	1955.39	1437.89	38.08	415.00	14.17
2012	2275.67	1675.00	43.04	485.37	15.26
2013	2538.88	1806.11	48.13	604.20	17.17
2014	2744.01	1955.11	49.39	651.20	19.60
2015	2804.42	2005.38	53.15	649.51	21.77
2016	2969.70	2163.11	50.28	653.15	22.18
年均增长率（%）	12.81	12.69	12.72	12.31	12.48

资料来源：《新疆统计年鉴》（2001～2017）。

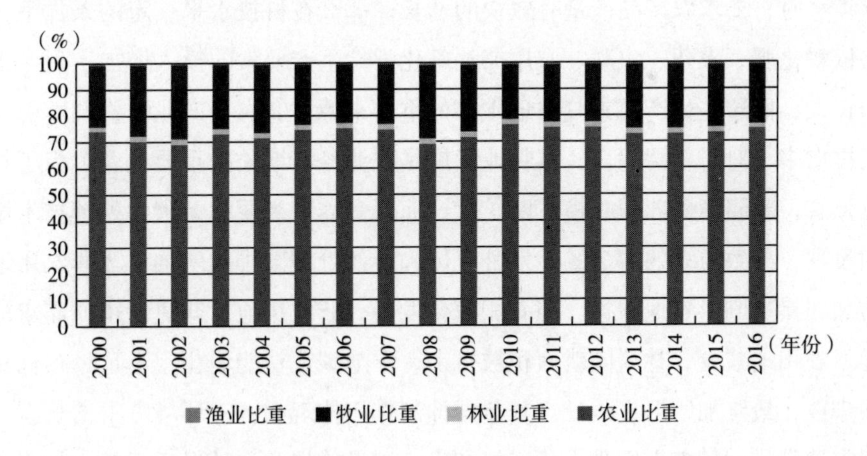

图5.1　2000～2016年新疆农业产业结构变化趋势

5.1.3　农业经济增长因素

经济增长通常是指一国或地区在一定历史时期内人均产出或人均收入水平的

连续增加，也是经济体系内满足所有成员生活所需产品和劳务的生产力扩张，往往受国家或地区的自然资源禀赋、投资量、生产率水平、劳动力规模与素质、科技进步、制度环境等多因素的影响。农业经济增长代表一个国家或地区在一定历史时期实现农林牧渔副产品总产出的能力，也代表农业支持每单位 GDP 增长率的能力。农业经济增长与农业经济发展有不同的内涵，农业经济增长是“量”的概念，而农业经济发展是“质”的概念。农业经济增长实现模式可以分为粗放型农业经济增长和集约型农业经济增长。粗放型增长是指由于生产要素投入规模扩大带来的农业经济增长，而集约型增长是由于生产要素生产效率的提高带来的农业经济增长。随着科技的进步，一国或地区的农业经济增长往往是由粗放型向集约型转变。在实现农业经济增长这一“量”的目标之外，还应关注农业经济结构是否得到优化、农民社会福利是否得到改善、农业生产环境和农民人居环境是否得到保护，最终实现农业经济的可持续发展。

农业经济增长与对农地碳排具有正反两种效应。其正向促进作用体现为：①农产品需求增长导致农地碳排增多。二三产业及人民生活对农产品消耗、消费需求的扩大，在一定程度上影响着农产品的生产速度和生产方式。当消耗、消费需求扩大时，要求农产品产量有较快的增长，那么在科技水平一定的条件下，就需要依赖化肥、农药、农膜、农用柴油等化学性生产要素的投入增加实现产出规模的扩大，而这些生产要素是农地碳排的重要来源。②农业产业结构调整引发农地碳排增多。对于新疆而言，畜牧业发展是农业经济增长的重要内容。为了打造畜牧强省，新疆畜禽养殖规模不断扩大，而畜禽养殖粪便的无害化处理技术没有协同发展，导致更多的畜禽肠道发酵气体和粪便管理碳排的增加。③非农用地需求增加间接加剧了农地碳排。随着城镇化发展，非农用地，即建设用地需求的增加导致农用地减少，林草园耕面积被挤占，农地碳汇功能弱化，不足以存储更多的碳排放，最终加剧温室效应。其负向抑制作用体现在：①环境需求增长有利于抑制农地碳排。随着人们收入的增加和生活质量的提升，环保意识越来越强，为缓解土壤板结、增加土壤有机质、提高果品品质，人们会选择以生物化肥、生物农药、可降解农膜等对环境污染较小的要素替代化学性化肥、农药、农膜等要素，同时加大林草工程建设，完善湿地保护，进而减少农地碳排，增加农地碳汇。②低碳技术进步有利于抑制农地碳排。农地碳减排离不开低碳生产技术的研

发与推广应用。而农业经济增长是低碳生产技术进步坚实的物质基础，为碳减排技术研发提供了充分的资金保障，同时，农业经济增长了才能更好地建设农林水利等基础设施，有利于膜下节水滴灌技术的推广，从而减少碳排放。农业经济增长与农地碳排是相互影响、相互作用的过程，在一定的历史阶段内，是互为因果的。

以农村人均农业产值衡量新疆农业经济发展水平。由图5.2可知，农村人均农业产值由2000年的2943元增长到2016年的17464元，增长了5.9倍。其增长态势可以分为两个阶段，第一阶段是2000～2009年，新疆农业经济发展水平呈现缓慢增长的趋势；第二阶段是2010～2016年，农业经济发展则呈现较快的增长趋势。

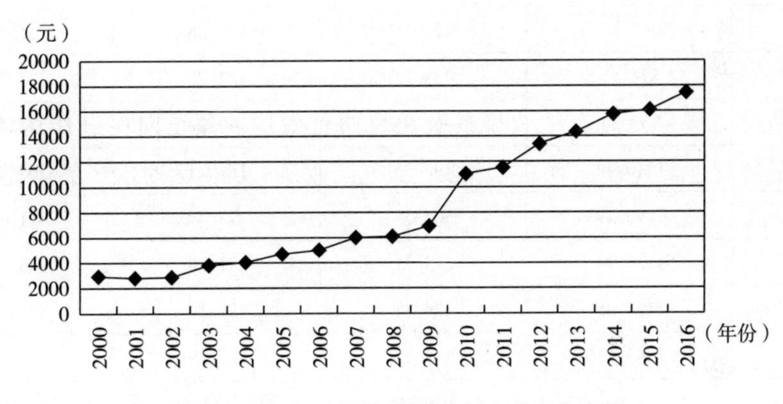

图5.2 2000～2016年新疆农村人均农业产值

5.1.4 农业劳动力规模因素

劳动力是农业生产的微观主体，劳动力的认知能力、风险偏好、农田管理技术及家庭禀赋等影响其农业生产行为，而不同规模的劳动力投入相应地会带来不同规模的农业化学品的投入，同时也会产生不同的低碳生产技术或高碳生产技术的规模效应。近年来，随着农村劳动力的非农转移，劳动力规模发生着较大的变动，影响着农业投入方式和生产方式，进而影响到农地碳排。由表5.3可知，2000～2016年，新疆总的就业人员由672.50万人增长到1263.11万人，其中第一产业从业人员由387.90万人增长到549.14万人。三大产业从业人员比重，如图5.3所示。

表 5.3　2000 ~ 2016 年新疆三大产业就业人员数

年份	就业人员合计（万人）	第一产业（万人）	第二产业（万人）	第三产业（万人）
2000	672.50	387.90	92.70	191.90
2001	685.38	388.19	92.19	205.00
2002	701.49	391.84	95.82	213.83
2003	721.27	397.20	95.69	228.38
2004	744.49	403.31	98.49	242.69
2005	791.62	408.00	122.81	260.81
2006	811.75	414.45	111.28	286.02
2007	830.42	417.73	118.34	294.35
2008	847.58	421.32	120.05	306.21
2009	866.15	427.48	127.28	311.39
2010	894.65	438.13	132.75	323.77
2011	953.34	463.91	149.04	340.39
2012	1010.44	492.36	157.71	360.37
2013	1096.59	506.35	178.79	411.46
2014	1135.24	515.21	181.30	438.73
2015	1195.06	526.82	181.12	487.12
2016	1263.11	549.14	181.39	532.58
年均增速（%）	4.0	2.2	4.3	6.6

资料来源：《新疆统计年鉴》（2001 ~ 2017）。

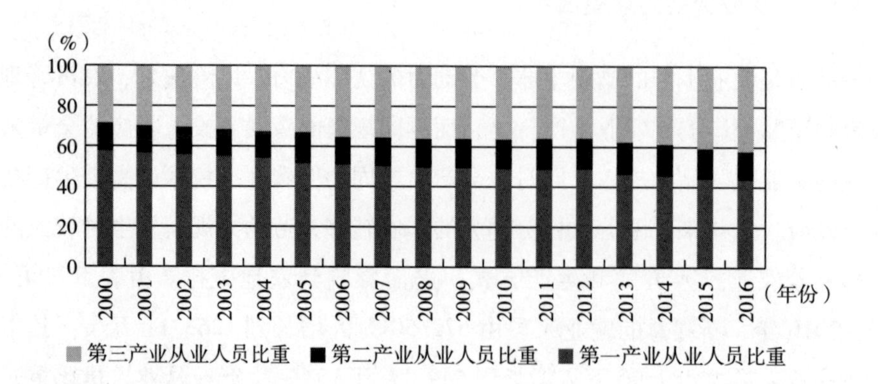

图 5.3　2000 ~ 2016 年新疆三大产业从业人员比重对比

5.2　模型构建

因素分解模型最初应用于能源消费量和能源强度的变化研究，因模型设定灵活，近年来被广泛运用到碳排放的研究中。碳排放的驱动因素分解就是将总“碳排量”表示为多个因素相乘，并按一定的权重确定各因素的增量比例。常见的因素分解模型有 Laspeyres 指数法、对数平均迪氏分解法（Log Mean Divisia Index Method，LMDI）、IPAT 模型、STIRPAT 模型、Kaya 恒等式等。

5.2.1　Kaya 恒等式分解法

Kaya 恒等式最初由日本学者 Kaya 提出，利用数学原理考察国家层面温室气体排放变化量的影响因素，即人口规模、人均 GDP、单位 GDP 能源消耗量、单位能耗碳排放量四个影响因子。该恒等式能够精准量化四个因子对温室气体排放的贡献值，从而可从这四个方面探讨温室气体减排的措施及策略。该方法被 IPCC 第四次、第五次评估报告连续使用，为各国温室气体排放追责、减排任务分摊提供了科学依据，成为碳排放影响因素分解的权威工具。其具体公式如下：

$$T_{GHG} = \frac{T_{GHG}}{TE} \times \frac{TE}{GDP} \times \frac{GDP}{P} \times P = c \times n \times g \times P \tag{5-1}$$

其中，T_{GHG}代表温室气体排放量，TE 代表能源消耗总量，GDP 代表国内生产总值，P 代表人口总量，比值 T_{GHG}/TE、TE/GDP 和 GDP/P 分别代表单位能源消耗的碳排量（c）、单位 GDP 能耗（n）和人均 GDP（g），与人口总量 P 共同构成了碳排放的驱动因子。其中，c 反映的是能源结构，n 与产业结构和技术进步紧密相关，g 代表经济增长，P 体现了规模效应。

对公式（5－1）进行对数变换可以得到：

$$\ln\left(\frac{\Delta T_{GHG}}{T_{GHG}}\right) = \ln\left(\frac{\Delta c}{c}\right) + \ln\left(\frac{\Delta n}{n}\right) + \ln\left(\frac{\Delta g}{g}\right) + \ln\left(\frac{\Delta P}{P}\right) \tag{5-2}$$

公式（5－2）反映了碳排放量变动率与各个驱动因子变动率的关系，通过指数分解，可以计算各个驱动因子导致碳排放量的变化。

5.2.2 对数平均迪氏（LMDI）分解法

对数平均迪氏分解法（LMDI）与数学平均迪氏分解法（AMDI）合称迪氏指数分解法，相比其他分解方法，LMDI 具有路径独立、零残差、增强模型说服力等优势，在加和分解和乘积分解之间建立一定的关系，在研究中被广泛运用。结合 Kaya 恒等式和 LMDI 分解法构建如下公式，对新疆农地碳排的影响因素进行分解：

$$C=\frac{C}{AEG}\times\frac{AEG}{NLMY}\times\frac{NLMY}{L}\times L \qquad PF=\frac{C}{AEG},\ SF=\frac{AEG}{NLMY},\ EF=\frac{NLMY}{L} \tag{5-3}$$

其中，C 为农地总碳排量；AEG 为种植业和畜牧业产值之和；NLMY 为农林牧渔业总产值；L 为农业从业劳动力总量。PF、SF、EF、L 分别表示农业生产效率因素、农业产业结构因素、农业经济增长因素、农业劳动力规模因素。第 t 期的农地碳排量（C^t）相对于基期排放量（C^0）的变化可以表示为：

$$\Delta C=C^t-C^0=\Delta CPF+\Delta CSF+\Delta CEF+\Delta CL \tag{5-4}$$

其中，ΔCPF、ΔCSF、ΔCEF、ΔCL 表示各因素变化对碳排放总量变化的贡献值，表达式为：

$$\Delta CPF=\frac{C^t-C^0}{\ln C^t-\ln C^0}\ln\frac{PF^t}{PF^0};\ \Delta CSF=\frac{C^t-C^0}{\ln C^t-\ln C^0}\ln\frac{SF^t}{SF^0}$$

$$\Delta CEF=\frac{C^t-CO_2^0}{\ln C^t-\ln C^0}\ln\frac{EF^t}{EF^0};\ \Delta CL=\frac{C^t-CO_2^0}{\ln C^t-\ln C^0}\ln\frac{L^t}{L^0} \tag{5-5}$$

5.2.3 Tapio 脱钩模型

"脱钩"（Decoupling）的概念是指一国或地区在工业化发展初期，物质能耗随经济增长而增长，工业化后期两者出现反向变化，即经济增长的同时物质能耗下降。脱钩理论本质上反映经济发展、资源消耗和环境污染之间的协调关系。这一理论被广泛用于区域经济发展质量诊断以及环境评价研究中。"脱钩"状态是经济增长、社会发展的理想结果，若要实现绝对脱钩要经历漫长的历史阶段。碳排放脱钩意味着随着经济的增长，温室气体排放不断弱化乃至消失的理想化状态，即同时实现经济增长和能源消耗降低（或是生态效益良好）的双赢结果。农地碳排脱钩状态主要通过脱钩弹性表示，即农地碳排变动量与农业经济增长变动量的比值，反映了碳排放变化量对经济增长变化量的敏感程度。根据脱钩值的

大小，将两者关系分为连接、脱钩、负脱钩三种状态，其中，连接指碳排放的增长率与农业经济增长率呈现正向同步增长或者农地碳排增长率高于农业经济增长率的情形。脱钩状态是指农地碳排增长率低于农业经济增长率的情形或者呈现农业经济稳定增长而农地碳排反而减少的状态。负脱钩是指农业经济出现衰退但农地碳排却增加的情形。进一步，依据不同弹性值，经济增长与碳排放的关系还可以细分为强脱钩、弱脱钩、扩张连接、扩张负脱钩、强负脱钩、弱负脱钩、衰退连接与衰退脱钩八大类。基于 Tapio 脱钩理论，构建农地碳排和农业经济增长之间的脱钩弹性公式如下：

$$e^* = \frac{\frac{\Delta C}{C}}{\frac{\Delta AEG}{AEG}} = \frac{(\Delta CPF + \Delta CSF + \Delta CEF + \Delta CL)}{C} \times \frac{AEG}{\Delta AEG} = e_{PF} + e_{SF} + e_{EF} + e_L \quad (5-6)$$

其中，e^* 表示脱钩弹性，e_{PF}、e_{SF}、e_{EF}、e_L 分别是各驱动因素对应的分脱钩弹性，C 表示农地总碳排量，AEG 表示农林牧渔总产值。具体的脱钩类型及其弹性值的划分如图 5.4 所示。其中，Ⅰ为弱脱钩，$\Delta C>0$，$\Delta AEG>0$，$0 \leqslant e<0.8$；Ⅱ为扩张连接，$\Delta C>0$，$\Delta AEG>0$，$0.8 \leqslant e \leqslant 1.2$；Ⅲ为扩张负脱钩，$\Delta C>0$，$\Delta AEG>0$，$e>1.2$；Ⅳ为衰退脱钩，$\Delta C<0$，$\Delta AEG<0$，$e>1.2$；Ⅴ为衰退连接，$\Delta C<0$，$\Delta AEG<0$，$0.8 \leqslant e \leqslant 1.2$；Ⅵ为弱负脱钩，$\Delta C<0$，$\Delta AEG<0$，$0 \leqslant e<0.8$；Ⅶ为强负脱钩，$\Delta C>0$，$\Delta AEG<0$，$e<0$；Ⅷ为强脱钩，$\Delta C<0$，$\Delta AEG>0$，$e<0$。

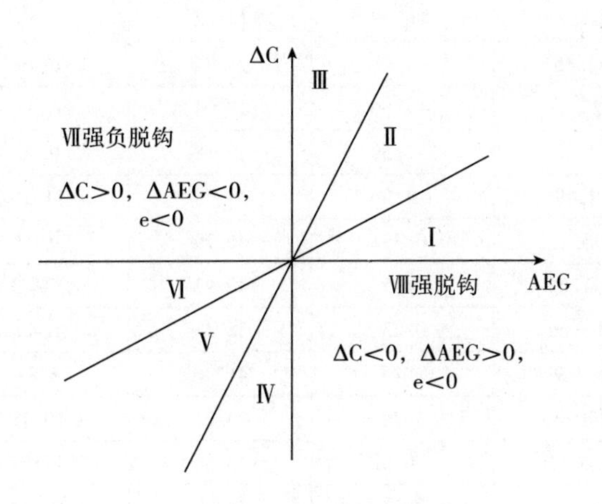

图 5.4　脱钩弹性类型

5.3 资料来源与处理

农地碳排量数据源于第4章，种植业和畜牧业产值数据和农业从业劳动人口数据源于《新疆统计年鉴》（2001～2017），农业从业劳动人口数量以第一产业从业人数为准。为了剔除价格变化影响，以2000年为基准年，将各年份的种植业产值、畜牧业产值及农林牧渔业总产值换算成实际总产值。

5.4 新疆农地碳排影响因素分解结果分析

运用公式（5－3）、公式（5－4）和公式（5－5）对新疆农业碳排放的影响因素进行分解，可以得到每年碳排增量的四个驱动因素的贡献值，如表5.4所示。

表5.4　2000～2016年新疆农地碳排驱动因素分解　　单位：万吨

年份	生产效率因素 ΔCPF	产业结构因素 ΔCSF	经济增长因素 ΔCEF	劳动力规模因素 ΔCL	总效应 ΔC
2000	10.54	－6.77	14.88	1.58	20.23
2001	－2.45	－1.68	28.71	0.49	25.08
2002	－23.89	－1.66	27.94	6.32	8.70
2003	－1.20	－2.59	33.18	9.49	38.88
2004	－1.19	－1.96	34.63	11.29	42.77
2005	－15.17	0.39	46.79	9.04	41.05
2006	－41.64	1.75	45.92	12.73	18.76
2007	－60.69	0.23	58.35	6.49	4.38
2008	－104.92	1.16	44.96	6.84	－51.97
2009	－110.60	3.74	26.01	10.71	－70.14
2010	－16.13	－0.82	16.56	17.52	17.13
2011	－30.70	0.23	6.94	41.71	18.17
2012	－9.75	0.17	9.05	45.28	44.75

续表

年份	生产效率因素 ΔCPF	产业结构因素 ΔCSF	经济增长因素 ΔCEF	劳动力规模因素 ΔCL	总效应 ΔC
2013	1.11	0.35	33.71	22.75	57.92
2014	25.77	0.32	42.95	15.31	84.36
2015	-54.68	0.06	35.98	20.65	2.01
2016	-45.02	-0.43	15.65	38.68	8.88
累计贡献量	-480.61	-7.51	522.21	276.88	310.96
年均贡献量	-30.04	-0.47	32.64	17.31	19.44

资料来源：笔者整理计算而得。

5.4.1 新疆农地碳排影响因素时序特征分析

整体而言，农业生产效率因素和农业产业结构因素是对农地碳排起到负向抑制作用，而农业经济增长因素和农业劳动力规模因素对农业碳排放起到正向促进作用。

（1）农业生产效率：2000～2016年，农业生产效率的提升有效地抑制了农地碳排的增加，且不同年份的贡献值差异较大，实现了累计480.61万吨的碳减排，是促进碳减排的关键因素。这表明在其他因素不变的条件下，提升农业生产效率会促使农地碳排年均下降30.04万吨。技术是把双刃剑，一把悬在“经济”头顶的达摩克利斯之剑，技术进步存在“高碳陷阱”。过去农业产出的增加充分表明农业科技进步提升了农业生产效率，但是化肥、农药、农膜、柴油驱动农机等代表的是“高碳”技术进步，对经济效益增长有正向贡献，但是对生态效益维护是负向贡献。现实中，膜下滴灌等高新节水灌溉技术、节能农机、少耕、免耕等低碳作业技术在碳减排方面发挥至关重要作用，但是如测土配方施肥、有机肥还田、生物农药、农膜二次回收利用、规模化养殖畜禽粪便无害化处理等低碳生产技术的推广和应用还不够理想。

（2）农业产业结构：与农业生产效率相比，农业产业结构调整对农地碳减排的贡献小得多。农业产业结构调整累计实现了7.51万吨的碳减排，表明在其他因素不变的条件下，调整农业结构有利于农地碳排年均下降0.47万吨。16年间，新疆农业结构调整的方向是畜牧业比重下降，种植业比重上升，林果业发展迅猛，果蔬种植面积大大增加。据统计，新疆的苹果、梨、葡萄、红枣等水果和核桃等坚果的种植面积由2000年的22.55万公顷上升到2016年的99.38万公顷，年均增长率为9.94%。尽管源于畜牧业的碳排放有所减少，但种植业领域的化肥、农药等不间断使用以及农业能源的持续消耗，不断引发碳排放增长。新疆农业结构调整具有波动性、政策导向性等特征。而且无论是农业内部产业结构调整还是种植业结构调整，均忽视了碳排放的“此消彼长”问题。由于农业产业结构是不断变化的，因此对每年碳排放呈现出“抑制—促进—抑制—促进”的交叉波动影响。综合起来，农业产业结构调整对农地碳减排的贡献较小，这也表明产业结构调整具有不稳定性。

（3）农业经济增长：动机决定行为。农业生产最重要也最基本的目标是实现农业经济增长，为国民经济奠定坚实的物质基础。新疆农业经济增长对农地碳排量的增加连续16年均是正向影响，相比于2000年，2001～2016年农业经济增长累计引发522.21万吨的碳增量，表明其他因素不变条件下，农业经济增长促使碳排放年均递增32.64万吨，其正向影响力远远大于农业劳动力规模的扩张，表明农业经济的迅速增长是导致农业碳排放量增加的重大诱因。然而，农业生产的目标是要满足粮食安全、农民增收和农业生态环境良好的三重需求，促进农业产业振兴、农民安居乐业、农村环境美好依然是新疆农业经济发展的基本导向。新疆农地规模较大，未来10～30年，若不采取有效措施，碳排量还会继续增加。但是农地碳减排并不意味着抛弃农业经济增长，应该追求“相对减排目标”，即在实现经济增长的同时，努力抑制、减少碳排放。排斥低碳会使新疆农业生产继续沿袭“先发展，后治理”的路径。这就需要在稳定经济增长的同时，依靠科技进步减少对“高碳”生产要素的依赖，同时高质量地落实退耕还林还草工程，充分发挥林草地固碳增汇功能。

（4）农业劳动力规模：农业劳动力规模变动也是促进新疆农地碳排量连年增加的一个不容忽视的因素。2000～2016年农业劳动力规模扩大累计引发276.88万吨的碳增量，表明其他因素不变时，农业劳动力绝对数量的增加促使碳排放年均递增17.31万吨。据统计数据显示，新疆农业从业人员由2000年的387.90万人持续增长至2016年的549.14万人，年均增速为2.34%，原因在于实

施西部大开发政策，耕地面积扩大，需要更多劳动力的投入，大量劳动力从中东部地区转入，但这些劳动力的文化素质普遍不高。结合调研情况，绝大多数农户在生产过程中表现出高碳生产技术依赖，对生物农药、农膜回收利用、有机肥还田等低碳技术采纳概率较低，从而演变为碳排放增加的农业劳动力规模效应。进一步从农业劳动力占比来看，尽管第一产业从业人员占全社会从业人员的比重持续下降，有相当一部分农业劳动力已经转移到工业和服务业，但农业劳动力转移在新疆区域内尚未产生促进碳减排的作用。随着城镇化的持续推进和农村土地的加速流转，农业剩余劳动力转移带来的劳动力规模的绝对缩小能否推动农地碳减排还有待时间的验证。

5.4.2 各地州市农地碳排影响因素贡献量特征分析

运用LMDI模型，计算2000~2016年新疆各地州市农地碳排各因素的累计贡献量，并进一步计算各因素的累计贡献率。从整体来看，对于各地州市的农地碳排量而言，农业生产效率因素、农业经济发展水平分别对应发挥负向、正向作用，而农业产业结构因素、农业劳动力规模因素则因各地州市差异而表现出不同程度的抑制或促进作用。

如图5.5所示，从生产效率看，位居前三位的是喀什地区、伊犁州直属和阿克苏地区，其对新疆农地碳增量的累计贡献量分别是90.06万吨、81.83万吨、56.29万吨，碳增量的累计贡献率分别达到18.34%、16.66%和11.46%。这表明近十几年，与其他地州市相比，这三个地区的农业资源利用率提升较快，单位农业产值消耗的化肥、农药、农膜等生产资料相对偏低，原因可能在于这些地区加快了土地规模经营的速度，同时借助一些低碳技术，节省了化学性生产物资的投入。位居后三位的是克拉玛依市、哈密市和吐鲁番市，其农地碳增量的累计贡献量分别是1.08万吨、6.73万吨、7.48万吨，碳增量的累计贡献率分别只有0.22%、1.37%和1.52%。

如图5.6所示，并不是所有地州市的农业产业结构调整都起到促进碳减排的作用。其中，乌鲁木齐市、克拉玛依市、哈密市、昌吉州、伊犁州直属以及和田地区6个地州市的产业结构调整是碳排放的促进因素，主要的原因是这些地州市畜禽养殖规模扩大较快，畜牧产值占比大幅度提升，经济作物种植面积扩大，粮

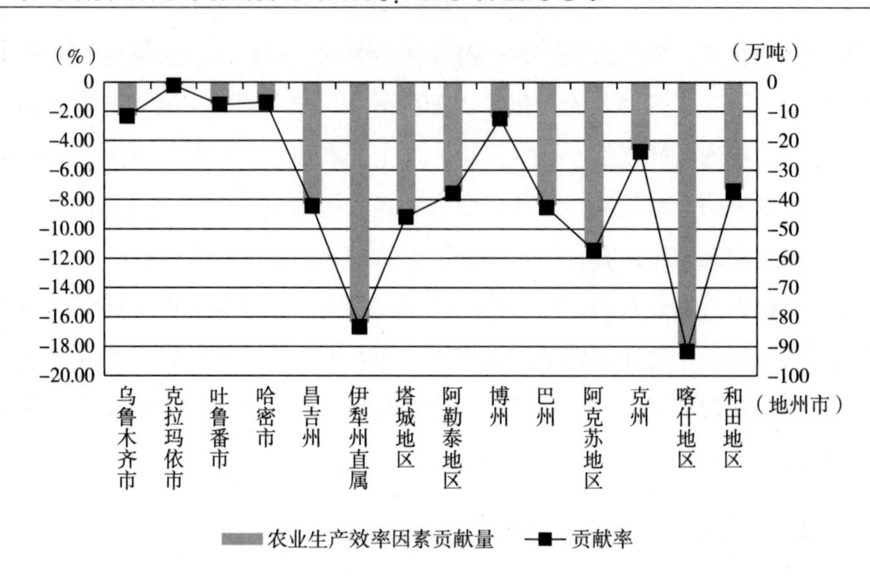

图 5.5　2000～2016 年新疆各地州市农业生产效率因素碳排累计贡献量与贡献率

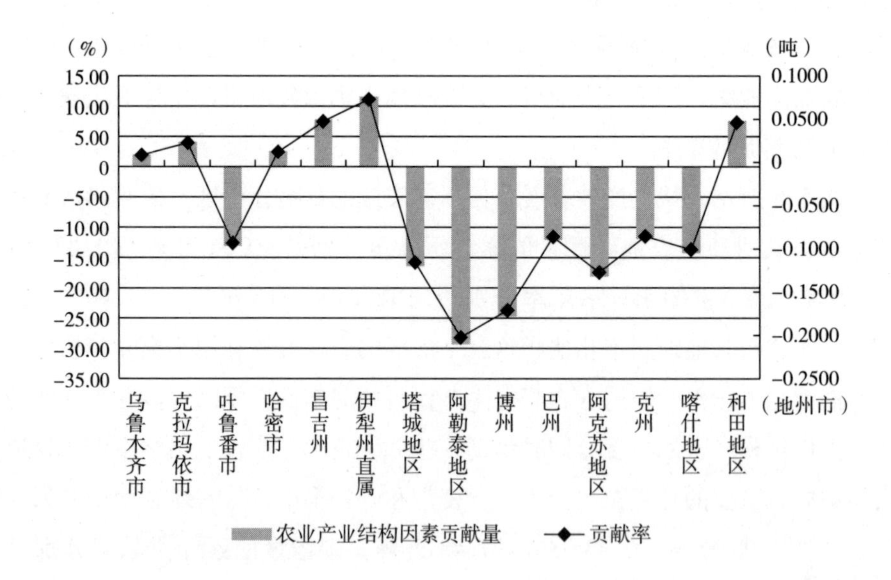

图 5.6　2000～2016 年新疆各地州市农业生产结构因素碳排累计贡献量与贡献率

食种植面积相应地调减；而吐鲁番市、塔城地区、阿勒泰地区、博州、巴州、阿克苏地区、克州和喀什地区 8 个地州市的农业产业结构调整更大程度上促进了碳减排，主要是因为这些地区的畜牧业产值比重大幅度下降，种植业比重有所上

升。在碳减排贡献方面，位居前两位的阿勒泰地区和博州，碳减排量达到0.21万吨和0.173万吨，累计贡献率分别为28.18%和23.73%；在碳增量贡献方面，位居前两位的是伊犁州直属和昌吉州，其累计贡献量分别为0.081万吨和0.055万吨，累计贡献率分别达到11.12%和7.49%；对比2006年和2016年，伊犁州直属的畜牧业产值占比由43.56%增加到54.31%，昌吉州的畜牧业产值占比由43.26%增加到53.97%，这两地州都是畜牧业蓬勃发展的两大地州。从畜牧养殖的具体情况看，无论是伊犁州直属、昌吉州还是其他地州市，新疆规模化畜禽养殖水平偏低，畜产品生产基地建设相对滞缓，一些国有养殖单位具备较为先进的粪便无害化处理设备和场地，很多养殖场连基本的干粪贮存池都没有。畜禽粪便无害化处理程度低，综合利用程度低，粪便还田率不足30%，沼气化率也只有3%左右。

如图5.7所示，所有地州市的农业经济发展水平都是碳排放的促进因素。从对碳增量的贡献度看，位居前三位的是喀什地区、伊犁州直属和阿克苏地区，其累计贡献量分别为98.15万吨、82.52万吨和58.14万吨，贡献率分别达到19.37%、16.29%和11.47%，位居后三位的则是吐鲁番市、哈密市和克拉玛依市，碳增量贡献量分别为7.12万吨、6.95万吨和1.37万吨，贡献率分别达到1.40%、1.29%和0.26%。整体而言，随着农村经济发展水平的提升，农民可

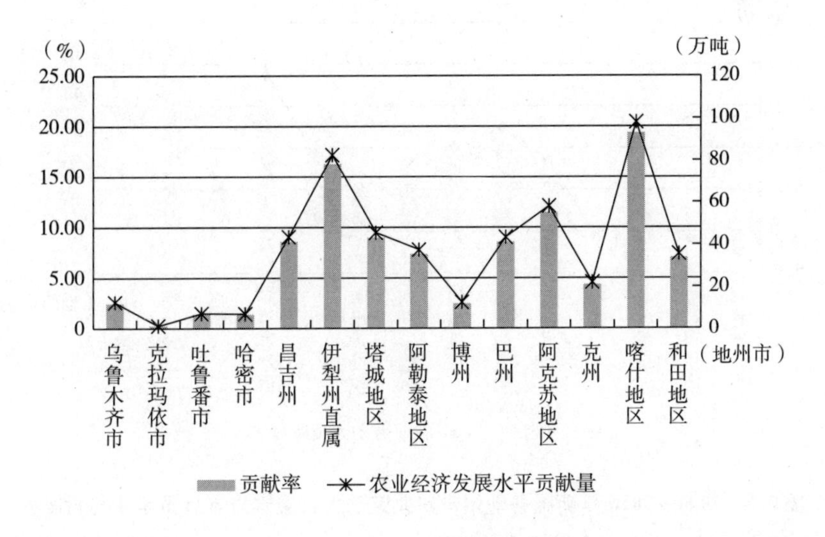

图5.7　2000～2016年新疆各地州市农业经济发展因素碳排累计贡献量与贡献率

支配收入不断增加，对化肥、农药和农膜等农业生产资料的支付能力增强，科技的进步也加快了农业机械化的普及程度，农用柴油消费量快速上升。同时，人们对肉禽蛋等副食产品需求提高，畜禽养殖规模不断扩大，这些都是导致农地碳排增加的动因。

如图 5.8 所示，不是所有地州市的农业劳动力因素对碳排放都起促进作用。其中，喀什地区、阿克苏地区、伊犁州直属、和田地区、昌吉州、塔城地区、吐鲁番市、巴州、阿勒泰地区、克州和博州 11 个地州市的农业劳动力因素对碳排放具有正向影响，且对碳增量贡献度较大的前三位地区是喀什地区、阿克苏地区、伊犁州直属，其累计贡献量分别为 53.88 万吨、45.86 万吨和 30.55 万吨，贡献率分别达到 19.59%、16.68% 和 11.11%。而哈密市、克拉玛依市和乌鲁木齐市的农业劳动力因素对碳排放具有负向影响，所起到的碳减排的累计贡献量分别为 0.39 万吨、0.69 万吨和 3.76 万吨，贡献率分别达到 0.14%、0.25% 和 1.37%。从基础数据看，2001 ~2016 年，哈密市、乌鲁木齐市和克拉玛依市年均农业劳动力规模分别是 10.41 万人、8.97 万人和 1 万人，恰好在 14 个地州市中排名后三位，这表明相对小规模农业劳动力对应小规模的高碳生产行为，在一定程度上减少了碳排放。

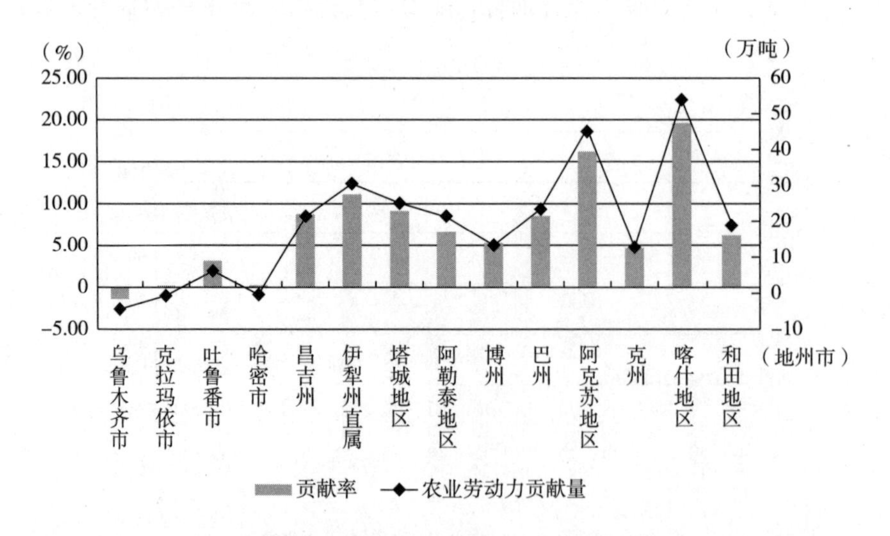

图 5.8　2000 ~2016 年新疆各地州市农业劳动力因素碳排累计贡献量与贡献率

5.5 新疆农地碳排与农业经济增长脱钩关系实证结果分析

依据脱钩弹性公式，得出2000～2016年新疆农地碳排与农业经济增长之间相互关系类型，如表5.5所示。这17年，新疆农地碳排与农业经济增长之间脱钩类型以弱脱钩为主导（出现10次），兼有扩张连接（出现3次）、强负脱钩（出现2次）和强脱钩（出现2次），表明了新疆农业经济增长速度多数年份快于碳排放增长速度，再一次印证了生产效率的提升不仅促进了经济的增长，也抑制了碳排放较快的增长，但从具体的弹性值看，弱脱钩并不是表现出稳定的强化趋势，农业经济增长波动性较大，特别是2001年和2011年出现农业生产负增长，而碳排放没有相应地减少。依据两者增长速度的不同特征，具体可以分为三个阶段：①不二稳定阶段（2000～2004年）：这段时期农业经济增长速度先是快于碳排放增长速度，但是很快碳排放速度超过农业经济增长速度，呈现扩张连接的状态，而2001年农业经济出现负增长，这表明农业要素的投入不但没有带来农业产值的实际增长，同时还产生碳排放，可能的原因是整体经济环境不稳定，导致农业增产不增收，而碳排放不会自动消失。②弱脱钩主导阶段（2005～2010年）：该阶段两者关系由弱脱钩向强脱钩转变，总体上是农业经济增长速度快于碳排放增长速度，可能的原因是农业产业结构的调整，特别是畜牧业规模有所缩小，碳排放增长速度大大减缓。③弱脱钩与扩张连接交替阶段（2011～2016年）：该时期农业经济增速和碳排放增速出现交替性的超越状态，一开始碳排放增速偏快，农业经济增速偏慢，2015年和2016年农业经济增速超过碳排放增速。可能的原因是经历了市场波动，畜禽养殖规模又再次逐渐扩大，导致碳排放增长速度反弹，超越了农业经济增长速度，同时由于膜下滴灌、测土配方施肥和生物农药等低碳生产技术的推广应用，碳排量有所减少，增速放缓，从而呈现“你快我慢，我慢你快”的特征。这充分表明碳排放和农业经济增长受多方因素影响，在农业产业结构的调整和低碳生产技术应用的综合影响下，两者呈现不同的增速变动。若要两者呈现强脱钩状态，需要综合考虑多种因素，平衡长期利益与短期利益、经济效益与生态效益的关系。扩张连接的反复出现也意味着新疆农业经济的增长没有摆脱"高投入、高增长、高污染、高排放"的粗放型增长路径，还有进一步提质增效的空间。

表 5.5　2000～2016 年新疆农地碳排脱钩状态

年份	ΔC/C	ΔAEG/AEG	e 值	脱钩类型
2000	0.032	0.088	0.367	弱脱钩
2001	0.039	-0.023	-1.708	强负脱钩
2002	0.013	0.064	0.202	弱脱钩
2003	0.057	0.257	0.222	弱脱钩
2004	0.06	0.061	0.976	扩张连接
2005	0.054	0.102	0.530	弱脱钩
2006	0.023	0.048	0.484	弱脱钩
2007	0.005	0.143	0.037	弱脱钩
2008	-0.063	0.021	-2.953	强脱钩
2009	-0.091	0.096	-0.942	强脱钩
2010	0.024	0.381	0.064	弱脱钩
2011	0.025	-0.002	-15.360	强负脱钩
2012	0.061	0.123	0.492	弱脱钩
2013	0.074	0.073	1.009	扩张连接
2014	0.100	0.059	1.700	扩张连接
2015	0.002	0.539	0.004	弱脱钩
2016	0.010	0.043	0.222	弱脱钩

资料来源：笔者整理计算而得。

5.6　本章小结

本章主要运用 LMDI 对新疆农地碳排的驱动因素进行分解，从时间和空间两个维度衡量农地生产效率、农业产业结构、农业经济发展水平和农业劳动力规模四大因素对农地碳排增量的贡献度，准确把握了农地碳排的驱动机制。

（1）研究期间，农地生产效率和农业产业结构是抑制新疆农地碳排的两大因素，而农业经济增长和农业劳动力规模则是促进农地碳排的两大因素。

（2）对于各地州市而言，四大影响因素作用差别显著。生产效率提升均有利于各地州市的农地碳减排，农业经济增长均引发各地州市的碳排放；但是农业产业结构和农业劳动力规模这两个因素对不同的地州产生不同的正向或负向的作用：对于乌鲁木齐市、克拉玛依市、哈密市等六个地州市，农业产业结构调整是碳排放的促进因素；对于吐鲁番市、塔城地区等八个地州市，农业产业结构则是碳排放的抑制因素。同样地，对于哈密市、乌鲁木齐市和克拉玛依市三个地州市，农业劳动力规模是碳排放的抑制因素，对于喀什地区、阿克苏地区等其他地州市，农业劳动力规模是碳排放的促进因素。

（3）新疆农地碳排增长与农业经济增长呈现以弱脱钩为主导，伴有强负脱钩、强脱钩，“十二五”时期前后呈现弱脱钩和扩张连接交替出现的状态。个别年份里，由于农业经济出现负增长，两者会呈现强负脱钩的关系。表明新疆农业经济增长没有摆脱“高增长、高投入、高排放”的路径依赖。

本章论证结论为第9章农地碳减排总体思路“9.1.1　效率提升为先导，结构调整为手段”“9.1.3　实施地区差异化减排增汇”和总原则“9.2.1　公平与效率兼顾”的提出做了实证铺垫。

第6章　新疆农户低碳生产技术采纳行为：影响因素及障碍分析

农户是数量最多、分布最广的农业生产者群体，必然也是农地低碳化利用、农业低碳生产发展最广泛、最有力的参与主体。通过第4章和第5章分析可知，畜禽养殖碳排和化肥碳排是新疆的两大主要碳源，农业劳动力是新疆农地碳排增加的驱动因素之一。其内在联系在于农户在农业生产活动中是否采纳低碳生产技术，一些研究表明农地碳排量与农户低碳生产技术采纳行为密切相关，农地碳减排效果很大程度上取决于农户对气候变暖、低碳农业意涵的认知、态度以及对低碳生产技术采纳的广度和深度。现阶段免耕少耕、膜下滴灌、测土配方施肥、秸秆还田、采用节能农机等低碳生产技术已经在新疆农业生产过程中得到了一定程度的应用。但减施化肥增施有机肥、生物农药、农膜二次回收利用等低碳生产技术采纳情况欠佳，问题是哪些因素影响着农户低碳生产技术采纳行为？主要的障碍因子是什么？鉴于此，本章基于微观调研数据，运用有序Probit模型（Ordered Probit Model）探究农户低碳生产技术采纳行为的影响因素及其作用机理，对障碍因素进行诊断分析，以期为有效地推进农地碳减排提供学术证据和政策建议。

6.1　农户低碳生产技术采纳行为影响机理分析

农户低碳生产技术采纳行为的发生是多因素共同作用的结果。基于新疆畜禽养殖过程碳排和化肥碳排比重位居前两位的事实，本章以“低碳生产技术—减施化肥增施有机肥”为例，结合国内外研究成果，将其影响因素归类为农户个人特征因素、农户家庭禀赋因素、农户社会网络因素、农户利益需求性因素、外部环

境因素五个维度。其中，农户个人特征因素包括农户的年龄、文化程度、气候变暖认知、政策了解程度、风险偏好五个变量；农户家庭禀赋因素包括家庭年均收入、非农收入占比、耕地面积、畜禽养殖数量4个变量；农户社会网络因素包括农户身份特征、是否加入合作社、近三年接受技术培训次数三个变量；农户利益需求因素包括耕地地力补贴满意度、有机农产品价格满意度①和有机肥价格感知三个变量；外部环境因素包括有机肥易获得性、农地土壤有机质状况、农地细碎化程度三个变量。

（1）农户个人特征维度：年龄究竟是否显著影响农户低碳生产技术采纳行为，不同的研究结论不一。有学者认为年龄是影响农户生产决策的重要因素。年龄大的农户传统思维更重，接受新理念和新知识的能力下降，很难认可、积极采用低碳生产技术。如张朝辉等（2017）、余威震和罗小锋等（2017）的研究则表明性别和年龄对农户生产行为影响并不显著。秦明和范焱红等（2016）的研究则表明年龄对农户技术采纳行为有显著的正向影响。通常文化程度越高，对事物的因果关系理解越好，具有高中以上学历的农户比小学及以下学历的农户拥有更多化学知识，对化肥释放 N_2O 影响气候变暖的机理有更好的认知，环保意识会更好。杨红娟等（2016）的研究表明农户技术采纳行为存在民族差异性。认知是行为发生的前提条件，农户对气候变暖机理和低碳生产技术认知程度越高，对农业绿色发展的目标理解越深，越可能倾向于采纳低碳生产技术。农业弱质性，决定了农业生产方式的变更很大程度上依赖于政府政策的引导，因此，政府政策宣传力度越大，农户对政策知晓度越高，越有可能采纳低碳生产技术。农业技术扩散受农户风险偏好或风险厌恶程度影响，Simtowe（2006）对马维拉农户玉米杂交技术采纳研究、Brick 和 Visser（2015）对南非小农户新品种技术采纳技术的研究等均表明农户的风险厌恶会抑制其技术采纳行为。

基于以上理论分析，本书预期：农户低碳生产技术采纳行为与年龄、文化水平、气候变暖认知程度、政策了解程度呈显著正相关，与风险厌恶程度呈显著负相关。

（2）农户家庭禀赋维度：禀赋通常是指人所禀受的体性资质，禀赋差异体

① 由于低碳农产品认证在实践中非常少，有机农产品对化肥农药等用量也有严格限制，本书以有机农产品替代低碳农产品，了解农户对有机农产品价格的满意度。

现为智力、体能、性格、能力等素质的差别。经济学里，经典的 H－O 理论（即赫克歇尔—俄林理论）主张的生产要素禀赋包括土地、劳动、资本和企业家管理才能。也有学者认为经济信息也是不可或缺的生产要素。家庭年均收入、非农收入占比、耕地规模、畜禽养殖规模代表着农户家庭的经营能力，也是家庭的经营资本，因此以四者为家庭禀赋的代理变量。家庭年均收入越高，其进行农业生产的投资能力越强，如果农户家庭有较好的环保意识，则有条件采取增施有机肥等低碳生产技术；也有研究表明，近几年收入高的农户家庭的支出中，很大比例的收入花在孩子的教育和健康方面，在支出顺序上，会优先满足孩子教育和健康需求，生产投资需求会缩减，农户就不太可能发生耗资多的低碳生产行为。随着土地流转的推进和城镇化建设的加快，农户不断转向二三产业，对农业的依赖度减弱，非农收入比例大大提升。如果一个农户家庭的非农收入占比越高，对农业的关注度会越低，从事低碳农业生产的机会成本会很大，采纳低碳生产技术的可能性很低。农户是否有动力采纳低碳生产技术，也与其经营的耕地规模有关，特别是对于规模户而言，耕种面积越大，采用低碳生产技术后的环境改善的规模效应越大。因此，扩大耕地规模在一定程度上有利于农户实施低碳生产技术。农户养殖畜禽数量越多，累积的厩肥就越多，比较方便农户施撒有机肥，减少化肥投入量，采纳低碳生产技术的可能性偏高。

基于以上理论分析，本书预期：农户低碳生产技术采纳行为与家庭年均收入、耕地面积、畜禽养殖数量呈显著正相关，与非农收入占比呈显著负相关。

（3）农户利益需求维度：预期利益满足是农户生产行为选择的最主要驱动力。农户是否愿意采纳低碳生产技术，很大程度上取决于技术采用可增加的额外利润，额外利润来源于相应的政府补贴、有机（低碳）农产品较高的市场价格等。农业绿色补贴（Green Payment）对农户生产行为具有较好的诱导作用（彭新宇，2009；周力、郑旭媛，2012）。依据补贴对象不同，绿色补贴可分为环境改善类补贴和污染削减类补贴。环境改善类补贴是对农户生产带来的正外部性进行补助，比如植树造林补贴、保护生物多样性补贴、耕地地力维护补贴等。污染削减类补贴是为激励农户主动采纳污染控制技术以减少生产的负外部性进行的补贴，比如对畜禽养殖户建立沼气池给予的补贴、对农户化肥农药减量化实施补贴等。农户越看重补贴、对补贴依赖度越高的农户，其低碳生产技术采纳行为发生

概率越高。曹光乔（2010）的研究也表明补贴政策对弱势农户的诱致性影响更强。从价格引导机制看，市场上有机（低碳）农产品价格越高，消费者对绿色高端产品认可度越高，对农户低碳生产导向影响会越大。从有机肥投入成本看，有机肥价格越低，越有利于降低农户进行低碳生产的成本，提高利润空间，从而增强其低碳生产技术采纳的概率。

基于以上理论分析，本书预期：农户低碳生产技术采纳行为与耕地地力补贴满意度、有机农产品价格满意度呈显著正相关，与有机肥价格感知呈显著负相关。

（4）农户社会网络维度：农户社会网络是农户之间互动而形成的较为稳定社会关系，农户在形成的社会关系中的身份特征和地位高低能显著影响其行为选择，社会结构中成员身份使其获得、调度人际关系或资源的机会与能力。如果农户具有党员或干部身份或者加入某种专业合作社，其社会参与度会更高，社会嵌入更深，容易形成更大的社会关系网，价值信仰会趋于一致。“低碳农业”作为一种先进的发展理念通常以自上而下的路径传递，因此，党员型、干部型、合作社社员型农户要比一般农户更容易学习到低碳生产技术，有更高概率采纳低碳生产方式。养殖户与产业组织的紧密关系有利于养殖户获得更多的技术辅导和示范，产业组织化程度的提高促进养殖户投资修建沼气池，减少碳排放。科学施肥培训，如测土配方技术培训的增加有利于提高农户对测土配方技术的认知，增加其采纳的概率（李莎莎等，2016）。吴雪莲等（2017）研究同样证实了农户接受绿色农业技术指导的频率越高，对技术指导越满意，其绿色农业技术认知深度越好，越可能使用绿色农业技术。

基于以上理论分析，本书预期：农户低碳生产技术采纳行为与农户身份特征、是否为合作社成员和接受技术培训次数显著正相关，即党员型、干部型、社员型农户以及接受技术培训次数较多的农户采纳低碳生产技术的概率更大。

（5）外部环境维度：农业是高度依赖自然条件的产业（张童朝等，2017），外部环境（诸如地形、地貌、乡村田间道路状况等）是影响农户是否采纳低碳生产技术的重要影响因素。较好的外部环境可以降低农户技术选择成本，方便生产资源的获取。比如平原地区有利于大型化机械作业，丘陵地区更适合小型机械作业。较好的土壤质量、地处平原地带以及距离集市较近显著提高了农户应对气候变暖的响应程度（童庆蒙等，2018）。基础设施建设情况，如用电供应、交通通信等能显著影响到农户秸秆还田技术的采纳效果（盖豪等，2018）。具体到农户是否愿意增施有机肥，取决于农户取得有机肥的难易程度。如果农户农田周围有规模化畜禽养殖户或者有机肥加工厂，而且乡村田间道路平整通畅，则可以较低的运输成本获得有机肥资源。农地质量也是施肥的关键影响因素。土壤有机质越差，越需要科学施肥改良地力，提高其生产能力。化肥能快速地补充农作物所需营养元素，通常在作物生长期发挥不可替代的增产功效，但是不合理的施肥方式（施肥时间、施肥用量、施肥位置偏误）会导致化肥利用效率低下、破坏土壤团粒结构引起土壤板结、盐渍化等。腐熟有机肥通常被用作基肥来改善土壤有机质状况，其肥效持久，有机物质被农作物吸收后有利于农产品品质的提升。从长远看，土壤有机质越贫瘠，越应该多施有机肥来调整。此外，农地的细碎化程度也是影响农户生产方式的重要因素。土地集中成片有利于大规模机械化作业，减少人力、机械等生产资料的转移次数，降低能耗。反之，土地过于细碎化，分布于不同区域，土壤环境质量就有差异，不便于采用统一的施肥方式，如果要减施化肥增施有机肥很可能需要付出更高的成本。

基于以上理论分析，本书预期：有机肥易获得性越高、农地土壤有机质越差、农地细碎化程度越低，农户低碳生产技术采纳行为发生的概率越高。

6.2 农户低碳生产技术采纳行为影响因素实证分析

6.2.1 研究设计

6.2.1.1 调研实施

由前文分析可知自治区政府在近10年间，制定了相关畜禽养殖粪污综合治理、化肥减施、发展农村沼气工程等应对气候变化的政策或方案，但通过测算，新疆农地碳排总量中（见第4章），畜禽养殖过程的碳排放量占比最大、化肥施用量的碳排放量占第二大，这充分表明农地减排效果并不明显。化肥、农药施用量等依然呈现逐年上升的趋势，有机肥施用不足。为此，本书设计了“农户气候变暖认知与低碳生产行为”问卷，重点对农户低碳生产技术的采纳行为影响因素

进行辨析。本书按照分层抽样原理从北疆、南疆和东疆三个区域分别选择了2～3个地州市、每个地州市选1～2个县/镇、每个县/镇选1～2个村/乡作为样本区。问卷发放和收回工作由石河子大学农业现代化研究中心课题组成员、经济与管理学院学生组成的调研团队于2018年4～7月进行。为保证调研过程的科学性和结果的有效性，先对新疆石河子市121团和上三宫村的部分农户进行预调研，检验问卷的效度和信度，同时根据农户反馈情况，对问卷进行优化调整；并对课题组成员进行调研方法和技巧、外出安全注意事项等相关知识的技能培训，保证高质量地完成问卷的发放、回收和整理等相关工作。先后共发放调研问卷700份，剔除无效问卷45份，有效问卷655份，有效率为93.57%，样本分布情况如表6.1所示。

表6.1 样本区域分布情况

区域	地州市	县/镇	村/乡	样本量	占比（%）
东疆	哈密市	巴里坤县奎苏镇	三十户村、红山农场	70	10.69
	吐鲁番市	鄯善县鄯善镇	巴扎村、铁提尔村	88	13.44
		托克逊县	伊拉湖乡	26	3.97
北疆	伊犁州直属	伊吾县	下马崖乡、盐池乡	45	6.87
		霍城县	惠远镇	73	11.15
	昌吉州	玛纳斯县包家店镇	黑梁湾村、马家庄村	72	10.99
		呼图壁县雀尔沟镇	西沟村、独山子村	76	11.60
	石河子市	石河子镇	上三宫村	35	5.34
		121团	12连	40	6.11
南疆	阿克苏地区	温宿县吐木秀克镇	吐木秀克村、兰干村	82	12.52
	喀什地区	疏勒县疏勒镇	巴合齐乡	48	7.33
合计	7	11	17	655	100.00

资料来源：根据调研数据整理而得。

6.2.1.2 问卷信度和效度检验

运用调查问卷数据对新疆生产建设兵团农户低碳生产行为选择进行分析之前，为保证研究结果的科学性和可靠性，先后借助克朗巴哈α系数检测法和探索性因子分析法分别对问卷的信度和效度进行检验。其中，问卷效度主要衡量调查问卷有效性和正确性，反映问卷是否能够准确测量出所测量事物的特征，包括内容效度和结构效度两部分内容。经测，内部一致性 α 系数为 0.846，表明问卷内部一致性较好，问卷使用价值相对较高；同时，问卷的 KMO 检验值为 0.862，即问卷结构效度也相对较好。综合来看，本次调研设计的问卷可以较好地反映调查样本的相关信息，问卷质量值得信赖。

6.2.1.3 样本描述

由表 6.2 可知，调查样本中，男性占比为 59.40%，女性占比为 40.60%，这与农村中男性在家庭中发挥主导作用的现实相符。从民族看，汉族人占比 60.70%，包括维吾尔族、哈萨克族、回族等在内的少数民族占比为 39.30%，这一数字符合新疆少数民族人口较多的特征。从年龄看，45 岁以上人口比例合计为 46.80%，几乎与 45 岁以下的中青年比例相当，这反映出新疆农村劳动力趋向老龄化的特点。从文化程度看，具有初中、小学及以下学历的人数合计占比达到 87.90%，具有高中或中专学历人数占比为 11.10%，而大专及以上的只有 1.00%，这样的学历结构基本与新疆"六普"农村人口特征相符。从身份特征看，属于村干部或党员的只占到 9.60%，90.40% 的样本都是普通农户，足见普通农户仍是农村生产活动的主力。从入社特征看，加入专业合作社的农户占比只有 19.70%，表明样本农户的组织化程度比较低。从风险偏好看，绝大部分农户属于风险规避者，在访谈中，很多农户纷纷表示，"不能冒风险""不喜欢冒风险"。风险偏好者占比为 13.70%，这部分农户基本属于种田大户或者从事农业复合经营，属于农村中的"精英式"人物。有 20.50% 的农户属于风险中立者，访谈中，这类农户表示自己在生产中，既不盲目跟风扩大种植规模，也不会思想守旧，愿意学习和采纳新型生产技术。从家庭耕地面积看，10 亩以下的占比为 50.40%，50 亩以上的占比为 26.40%，尽管新疆人均耕地面积在全国居首位，但是区域差异、体制差异也比较大，地方农户绝大部分耕地面积在 10 亩以下，耕地面积能达到 50 亩以上的基本上属于兵团团场职工农户，也有一部分是种植大户的。从家庭年均收入看，3 万元以下的占比为 62.37%，表明大部分农户家庭还处在低收入阶层。从非农收入占比看，以农业为主要收入来源的农户比例为 63.30%，这表明新疆农村农户兼业程度远小于内地，特别是少数民族，外出打工的较少；综合家庭年均收入和非农收入占比两项指标看，家庭年均收入 5 万元以上的比例（10.85%）与非农收入占比 75.00% 以上的农户比例（10.20%）相当，这

表明收入高的农户家庭主要靠非农经营实现增收。根据问卷结果，被调研农户所种植农作物差异较大，比如吐鲁番市的大部分农户种植葡萄，阿克苏地区的很多农户从事核桃、红枣等林果种植，其他地州市的农户可能种植棉花、小麦、玉米、青储玉米、马铃薯、苜蓿、蟠桃、蔬菜等。不同类型的农户对低碳生产技术需求不同，因此有必要对农户进行分类，根据其经营作物的品种，将样本农户分为四类：粮食作物主导型（玉米、小麦、水稻、马铃薯等）、经济作物主导型（棉花等）、果蔬主导型（蟠桃、芹菜、黄瓜、西红柿、辣椒等）、饲料作物主导型（苜蓿、青储玉米等），其占比分别为30.08%、35.57%、14.96%、19.39%。

表6.2 样本农户多维度特征信息统计

项目	类型	样本频数	样本频率（%）	项目	类型	样本频数	样本频率（%）
性别	男	389	59.40	民族	汉族	398	60.70
	女	266	40.60		少数民族	257	39.30
年龄	25岁以下	61	9.30	耕地面积	10亩以下	330	50.40
	26~35岁	79	12.10		10~30亩	85	13.00
	36~45岁	208	31.80		31~50亩	67	10.20
	46~55岁	252	38.40		51亩以上	173	26.40
	56岁以上	55	8.40	身份特征	村干部或党员	63	9.60
文化水平	小学及以下	167	25.50		普通农户	592	90.40
	初中	409	62.40	入社特征	加入合作社	129	19.70
	高中/中专	73	11.10		未加入合作社	526	80.30
	大专及以上	7	1.00	非农收入占比	25%以下	293	44.70
家庭年均收入	1万元以下	134	20.45		25%~50%	122	18.60
	1.1万~3万元	275	41.92		50%~75%	174	26.50
	3.1万~5万元	175	26.78		75%以上	67	10.20
	5.1万~10万元	61	9.33	农户类型	粮食作物主导型	197	30.08
	10.1万元以上	10	1.52		经济作物主导型	233	35.57
风险偏好	风险规避者	431	65.80		果蔬主导型	98	14.96
	风险偏好者	90	13.70		饲料作物主导型	127	19.39
	风险中立者	134	20.50				

资料来源：根据调研数据整理而得。

6.2.2 变量选择与模型构建

6.2.2.1 因变量设置

本节主要研究农户“低碳生产技术—减施化肥增施有机肥”的采纳影响因素，运用有序 Probit 模型来识别农户生产作业过程中减施化肥增施有机肥的困境，以问卷中的“施肥方式”来衡量农户低碳生产技术的采纳情况，将施肥方式划分为五个等级，依次是“1 = 完全施用化肥”“2 = 化肥偏多有机肥少量”“3 = 化肥有机肥当量配施”“4 = 化肥少量有机肥偏多”“5 = 完全施用有机肥”，表示农户采纳低碳生产技术的程度依次增强。根据问卷调研结果，655 位农户的施肥情况如表 6.3 所示。

表 6.3 样本农户施肥情况统计

施肥情况	指标赋值	样本频数	样本频率（%）	累计频率（%）
完全施用化肥	1	371	56.64	56.64
化肥偏多有机肥少量	2	165	25.19	81.83
化肥有机肥当量配施	3	26	3.97	85.80
化肥少量有机肥偏多	4	70	10.69	96.49
完全施用有机肥	5	23	3.51	100.00

资料来源：根据调研数据整理而得。

6.2.2.2 自变量设置

借鉴已有研究成果，结合调研区域“低碳生产技术—减施化肥增施有机肥”采纳情况，基于农户访谈反馈信息，将影响农户低碳生产技术采纳行为的影响因素分为农户个体特征因素、农户家庭禀赋因素、农户社会网络因素、农户利益需求性因素、外部环境因素五个维度。变量赋值及描述性统计结果如表 6.4 所示。

表6.4 变量赋值说明及描述性统计

变量及预期方向		变量赋值	均值	标准差
个体特征	年龄 X_1（不定）	1 = 30岁以下；2 = 31 ~ 40岁；3 = 41 ~ 50岁；4 = 51 ~ 60岁；5 = 61岁以上	2.910	0.840
	文化程度 X_2（不定）	1 = 小学及以下；2 = 初中；3 = 高中/中专毕业；4 = 大专/大本；5 = 研究生及以上	2.092	0.724
	气候变暖认知水平 X_3（+）	非常低 1 - 2 - 3 - 4 - 5 非常高①	3.907	1.150
	政策了解程度 X_4（+）	非常不了解 1 - 2 - 3 - 4 - 5 非常了解	2.874	1.076
	风险偏好等级 X_5（+）	风险规避型 = 1；风险中立型 = 2；风险偏好型 = 3	1.797	0.899
家庭禀赋	家庭年均收入 X_6（+）	1 = 1万元以下；2 = 1.1万 ~ 3万元；3 = 3.1万 ~ 5万元；4 = 5.1万 ~ 10万元；5 = 10.1万元以上	2.948	1.044
	非农收入占比 X_7（-）	1 = 20%以下；2 = 20% ~ 40%；3 = 40% ~ 60%；4 = 60% ~ 80%；5 = 80% ~ 100%	2.516	1.133
	耕地面积 X_8（-）	1 = 10亩以下；2 = 11 ~ 30亩；3 = 31 ~ 50亩；4 = 51 ~ 70亩；5 = 71亩及以上	1.951	1.412
	畜禽养殖数量 X_9（+）	1 = 5只以下；2 = 5 ~ 10只；3 = 11 ~ 15只；4 = 16 ~ 20只；5 = 21只及以上	2.391	1.453
社会网络	身份特征 X_{10}（+）	0 = 不是党员或村干部，1 = 是党员或村干部	0.165	0.731
	是否为合作社成员 X_{11}（+）	0 = 不是；1 = 是	0.360	0.480
	接受技术培训次数 X_{12}（+）	1 = 0次；2 = 1 ~ 3次；3 = 4 ~ 5次；4 = 6 ~ 7次；5 = 8次及以上	2.462	0.476
利益需求	有机农产品价格满意度 X_{13}（+）	非常不满意 1 - 2 - 3 - 4 - 5 非常满意	3.247	1.189
	耕地地力补贴满意度 X_{14}（+）	非常不满意 1 - 2 - 3 - 4 - 5 非常满意	1.609	0.488
	有机肥价格感知度 X_{15}（+）	非常贵 1 - 2 - 3 - 4 - 5 非常便宜	2.850	1.186
外部环境	有机肥易获得性 X_{16}（+）	非常不容易 1 - 2 - 3 - 4 - 5 非常容易	2.478	1.526
	农地土壤有机质状况 X_{17}（-）	非常差 1 - 2 - 3 - 4 - 5 非常好	1.332	1.127
	农地细碎化程度 X_{18}（-）	1 = 2块以下；2 = 2 ~ 3块；3 = 4 ~ 5块；4 = 6 ~ 7块；5 = 8块及以上	1.496	0.980

① 为科学评估农户气候变暖认知水平，本书设置了10个气候变暖相关问题，回答选项为（1）知道、（2）不知道，气候变暖认知水平的界定是：10个问题，有1 ~ 2个知道，表明认知水平非常低，赋值为1；有3 ~ 4个知道，认知水平比较低，赋值为2；有5 ~ 6个知道，认知水平一般，赋值为3；有7 ~ 8个知道，认知水平比较高，赋值为4；有9 ~ 10个知道，认知水平非常高，赋值为5。

6.2.2.3　模型构建

调研问卷中农户“低碳生产技术—减施化肥增施有机肥”采纳状况体现为一种顺序关系，被解释变量 Y_i 是有序变量，适合运用有序 Probit 模型进行分析。有序 Probit 模型是一种受限因变量模型（潘明明等，2015），通过可观测的有序数据来研究不可观测的潜变量变化规律。农户的“低碳生产技术—减施化肥增施有机肥”采纳状况即是一种不可观测的潜变量，其影响因素的结构线性形式如下：

$$Y^* = X'_i\beta + \varepsilon_i \quad i = 1, 2, 3, \cdots, i \tag{6-1}$$

其中，i 是样本数；β 是待求参数；X_i 是解释变量，表示可能影响农户“低碳生产技术—减施化肥增施有机肥”采纳状况的一系列观测值；ε_i 为随机误差项。Y^* 表示农户“低碳生产技术—减施化肥增施有机肥”采纳状况的潜变量，通过可观测的 Y_i 与 Y^* 之间的关系来代表，两者关系如下：

$$Y_i = \begin{cases} 1, & Y^* < \alpha_1 \\ 2, & \alpha_1 < Y^* < \alpha_2 \\ 3, & \alpha_2 < Y^* < \alpha_3 \\ 4, & \alpha_3 < Y^* < \alpha_4 \\ 5, & Y^* > \alpha_4 \end{cases} \tag{6-2}$$

其中，离散变量 Y_i 的取值为 1，2，3，4，5，表示第 i 个样本减少化肥增施有机肥的程度。α_i 代表样本组别的分界点，有 $\alpha_1 < \alpha_2 < \alpha_3 < \alpha_4 < \alpha_5$，$Y^*$ 被划分为五个区间，Y_i 表示某个具体的观察值在某个区间内取特定值 j 的概率为：

$$\ln L = \sum_{i=1}^{n}\sum_{j=1}^{j} Y_{ij}\ln[\phi(\alpha_j - X'_i\beta) - \phi(\alpha_{j-1} - X'_i\beta)] \tag{6-3}$$

其中，F 为 ε_i 的累积分布函数，$1 \leqslant j \leqslant 5$。假设误差项 ε_i 服从标准正态分布，则 F 满足标准正态分布累积函数的条件，则有 $\varepsilon_i/X_i \sim (0, \delta^2)$；把样本农户“低碳生产技术—减施化肥增施有机肥”采纳状况观测值作为 Y_i 被解释变量，建立有序 Probit 模型，其对数似然函数为：

$$\begin{aligned} P(Y_i = j) &= P(\alpha_{j-1} \leqslant Y^* < \alpha_j) = P(\alpha_{j-1} - X'_i\beta \leqslant \varepsilon_i < \alpha_j - X'_i\beta) \\ &= F(\alpha_j - X'_i\beta) - F(\alpha_{j-1} - X'_i\beta) \end{aligned} \tag{6-4}$$

通过最大化对数似然函数式，即可估计出有序 Probit 模型中的系数 β 和参数 α_i。回归所得的 β 值就是本书新疆农户“低碳生产技术—减施化肥增施有机肥”采纳状况影响因素的系数。

6.2.3　实证结果分析与讨论

运用 Stata14.0 软件对回归模型进行估计，模型（1）检验个体特征、家庭禀赋、社会网络、利益需求、外部环境五个维度包含 18 个相关变量对农户“低碳生产技术—减施化肥增施有机肥”采纳状况的影响。结果表明，模型（1）中存在部分变量不显著问题，将不显著的解释变量“文化程度”“气候变暖认知水平”“家庭年均收入”“耕地面积”“身份特征”“接受技术培训次数”“有机农产品价格满意度”“耕地地力补贴满意度”共 8 个变量剔除后，进行二次回归估计，其他 10 个变量较好地通过了异方差、方程显著性等计量经济学检验，从而得到优化模型（2），整体结果如表 6.5 所示，以下分析主要结合模型（2）的参数进行解释说明。

表 6.5　农户“低碳生产技术—减施化肥增施有机肥”采纳行为影响因素回归结果

解释变量		模型（1）		模型（2）	
		系数	P>|z|	系数	P>|z|
个体特征	年龄 X_1	0.145**	0.042	0.176**	0.072
	文化程度 X_2	−0.036	0.703		
	气候变暖认知水平 X_3	−0.051	0.461		
	政策了解程度 X_4	0.275***	0.001	0.332***	0.000
	风险偏好 X_5	−0.141*	0.064	−0.176**	0.016
家庭禀赋	家庭年均收入 X_6	0.003	0.974		
	非农收入占比 X_7	−0.295**	0.028	−0.288**	0.027
	耕地面积 X_8	−0.130	0.149		
	畜禽养殖数量 X_9	0.084*	0.064	0.078*	0.063
社会网络	身份特征 X_{10}	−0.119	0.538		
	是否为合作社成员 X_{11}	0.425***	0.003	0.382***	0.006
	接受技术培训次数 X_{12}	0.235**	0.033	0.226**	0.038

续表

解释变量		模型（1）		模型（2）	
		系数	P>|z|	系数	P>|z|
利益需求	有机农产品价格满意度 X_{13}	0.000	0.999		
	耕地地力补贴满意度 X_{14}	-0.186	0.165		
	有机肥价格感知度 X_{15}	0.624 *	0.002	0.608 ***	0.004
外部环境	有机肥易获得性 X_{16}	2.393 ***	0.000	2.302 ***	0.000
	农地土壤有机质状况 X_{17}	-1.395 ***	0.000	-1.382 ***	0.000
	农地细碎化程度 X_{18}	-0.180	0.169		
Log likelihood		-268.679		-273.346	
Pseudo R^2		0.6434		0.6375	
N		655		655	

注：***、**、*分别表示在1%、5%、10%的水平下显著。

（1）个体特征维度：年龄（X_1）和政策了解程度（X_4）分别在5%、1%的显著水平下显著正向影响农户对“低碳生产技术—减施化肥增施有机肥”的采纳，影响系数分别为0.176、0.332。这表明年龄偏大的农户对有机肥有更强的偏好性，年龄越大的农户，务农时间越长，对化肥、有机肥维持地力功效差异方面有深刻的体会，特别是55岁以上的农户，经历了早期在机械化程度低的条件下，人力施撒腐熟有机粪肥的传统耕作方式，他们浓浓的土地情怀促使其用有机肥的概率更大。而年轻的农户更看重生产效率，其用化肥的概率更高。政策了解程度（X_4）对农户低碳生产技术采纳有显著的积极引导效应。表明新疆地州市政府在落实中央政府有关“化肥零增长”和“畜禽粪便资源综合利用”政策方面工作初见成效，现代市场经济竞争的不确定性增强了农户对农业政策信息的需求，而信息技术的发展和互联网的普及使农户知悉农业政策的渠道也越来越广泛，扩大低碳农业政策的宣传面，让更多农户成为政策落地的实施主体，才能真正实现生态农业、低碳农业。风险偏好（X_5）在5%的显著水平下显著负向影响农户对“低碳生产技术—减施化肥增施有机肥”的采纳，影响系数为0.176。可能的解释为尽管化肥的增产效果显著，但是如果氮、磷、钾搭配比例不当、施肥位置、时间有偏差，则会引发农作物烧苗、植株萎蔫等现象，带来生产风险，而有机肥

的肥效风险相对较低，风险厌恶型农户相应地就偏好多用有机肥。而文化程度（X_2）和气候变暖认知水平（X_3）对农户“低碳生产技术—减施化肥增施有机肥”的采纳影响不显著，这表明在其他因素不变的情况下，农户低碳生产技术采纳的概率并没有随文化程度和气候变换认知水平的提高而提高。可能的原因是大部分样本农户都属于小学和初中文化程度水平，农户凭多年种地经验和农业的天然弱质性对气候变暖有较为深刻的认知，但是文化程度和认知水平不足以激发其发生相应的技术采纳行为，这表明农户在现有认知的基础上，还需要其他因素的激励才能促成低碳生产技术采纳发生。

（2）家庭禀赋维度：非农收入占比（X_7）和畜禽养殖数量（X_9）分别在5%、10%的显著水平下显著负向、显著正向影响农户对“低碳生产技术—减施化肥增施有机肥”的采纳，影响系数分别为0.288、0.078。非农收入占比越大，表明农户从事非农经营活动的时间越多，自然对农地生产活动投入的精力和时间大大减少，不可能进行多施有机肥这样的精细管理。调研访谈中，有相当一部分农户表示如果城里某时招工赚钱多，但跟农忙时节冲突，宁可雇用劳动力来干农活，也不会放弃兼职多赚钱的机会。随着农业劳动力不断向二三产业转移，农业机械化作业程度越来越高，大田农作物如小米、玉米、棉花等机施有机肥还面临技术和高成本等问题。农户家庭畜禽养殖数量越多，圈中积累的厩肥就越多，那么在减施化肥增施有机肥方面有较大的便利性，调研中发现，像阿克苏地区的农户几乎家家养羊，很容易收集羊粪并还田到核桃地里。家庭年均收入（X_6）和耕地面积（X_8）对农户“低碳生产技术—减施化肥增施有机肥”的采纳影响不显著。可能的解释为：理论上收入多的农户能满足有机肥投入资金多的条件，但是现实是相当一部分农户赚钱多靠的不是农业，而是非农业，而且多收入农户家庭支出中占比较大的是子女的教育和房产投资。当种地日渐成为副业的情形下，农户不会在乎也不会关心少用化肥多用有机肥带来的农地生态效益的改善。

（3）社会网络维度：是否为合作社成员（X_{11}）和近3年接受技术培训次数（X_{12}）分别在1%和5%的显著水平下显著正向影响农户对“低碳生产技术—减施化肥增施有机肥”的采纳，影响系数分别为0.382、0.226。专业合作社对农户的生产经营行为能起到一定的约束作用，例如生态奶牛养殖合作社通常会集中组织将一部分畜禽粪便无害化处理后还田到苜蓿地或青贮玉米地，为了保证奶牛的健康生长、生产高质量奶，必须保证牛吃的饲草是有机或无公害的，则饲草种植会尽量减少化肥投入或不用化肥。再例如，林果合作社为了保证所收林果（核桃、红枣等）的质量（色泽、口感、大小），对农户具体种植过程进行指导，在什么时间施用有机肥或化肥，怎么施肥？用量多少？会请专家做技术培训，因此，社员农户为了获得更好、更稳定的收入会遵行合作社的生产技术“规范”。技术培训次数的增多对农户科学施肥有较好的纠正、指导作用，强化农户对技术的认知和熟练运用程度。而农户身份特征（X_{10}）对农户低碳生产技术采纳行为影响不够显著，可能的原因是样本中党员农户或干部型农户数量偏少，而且不是所有的党员农户或干部农户都会在低碳生产中发挥模范带头作用。

（4）利益需求维度：三个变量中，仅有机肥价格感知度（X_{15}）对农户“低碳生产技术—减施化肥增施有机肥”的采纳有显著性影响，且是在1%显著水平下的正向影响。市场上商品有机肥品牌众多，肥效质量参差不齐，而且价格差异较大，很多农户面临选择困境，但通常便宜的有机肥会更受青睐。通过调研发现，腐熟有机肥，如一方鸡粪的卖价为100～150元，一车羊粪或牛粪（为3～4方）卖价为200～300元，有些养殖户苦于自家粪肥处理不了，免费赠给需要的人。因此，在其他因素不变情况下，促使农户多用有机肥的条件之一，就是降低其资金投入成本。有机农产品价格满意度（X_{13}）和耕地地力补贴满意度（X_{14}）对农户低碳生产技术采纳影响不显著。由表6.5数据可知，调研农户对有机农产品价格满意度的均值为3.247，即评价一般。一方面由于有机农产品品牌尚未在农户心中形成品牌效应，品牌价格诱导力不足。另一方面有机农产品市场价格经常波动的现实让农户对生产有机农产品的信心不足。农户对耕地地力补贴的满意度均值为1.609，即属于不满意状态。新疆范围内各级政府尚未设立农户种植施用有机肥的相关补贴，对政府部门人员进行访谈，得到的回复是“补不起”。缺少补贴激励，农户种植成本过高，必然弱化其低碳生产技术的采纳概率。

（5）外部环境维度：有机肥易获得性（X_{16}）在1%的显著水平下显著正向影响农户对“低碳生产技术—减施化肥增施有机肥”的采纳，影响系数为2.302。有机肥的易获得性表现在有机肥的获得渠道、输送便利性方面。农户农地方圆30公里以内如果有规模化畜禽养殖大户、合作社或企业，则方便其购买腐熟有机肥，同时田间道路通畅、运输便利也可降低其用有机肥的难度。调研中

发现，不用有机肥的农户都表示，虽然知道有机肥的好处，但是苦于弄不到足够的有机肥，只能靠化肥了。农地土壤有机质状况（X_{17}）在1%的显著水平下显著负向影响农户对“低碳生产技术—减施化肥增施有机肥”的采纳，新疆土壤盐碱化程度比较严重，种地需要压碱洗盐补充基本养分。而化肥肥效远远快于有机肥，增产速度快，受短期经济利益驱动的农户必然首先选择化肥去改善贫瘠的土地。

6.3　农户低碳生产技术采纳障碍原因分析

前一节对农户“低碳生产技术—减施化肥增施有机肥”采纳的影响因素进行了实证，从结果看，农户对气候变暖的机理、危害及延缓措施有一定的认知，对政府“化肥农药零增长”“畜禽粪便资源综合利用”等政策也有一定了解，但是化肥减量化、有机肥增量化的效果一般，这表明农户的低碳生产技术采纳面临困境，归纳起来主要体现在农户利益预期得不到满足、农户组织化程度低下、低碳生产技术推广有限和农地碳减排制度不健全以及其他障碍因素。

6.3.1　农户利益预期满足障碍

6.3.1.1　绿色补贴收益不足

英国经济学家亚当·斯密（Adam Smith）认为经济诱因是人的行为动机的根源，人都是要争取最大的经济利益。农户进行农业生产活动，是否能采纳延缓气候变暖的低碳生产技术，关键是这项技术能否为其带来预期利益。以减施化肥、增施有机肥为例，化肥的增产效果和增产速度是有机肥无法比拟的，因此，要让农户改变20多年的化肥依赖习惯，需要利用“绿色补贴”的激励作用。现实工作中，有机肥补贴补给对象分为两种，一种是补给种植大户等农业经营主体，如针对农户每亩耕地施用有机肥的数量，给予一定的补贴，降低其生产投入成本。例如，福建为鼓励冬季闲田种植紫云英和鼓励以畜禽粪便为原料，经无害化处理加工成有机肥料，设立了“种植紫云英绿肥补贴和应用商品有机肥补贴”，补贴对象为示范农户、种植大户、家庭农场、农民合作社和农业企业等新型经营主体。补贴标准是购买商品有机肥每亩施用量达到250千克的，每亩给予补贴50元（即每吨补贴200元）。一种是补给有机肥生产企业，企业生产有机肥的成本降低，有机肥价格相应地就不会太高，而且要低于化肥价格，从而有利于农户广泛地逐步增施有机肥。例如，2013年国务院审议通过的《畜禽规模养殖污染防治条例》第30条指出，利用畜禽养殖废弃物生产有机肥产品的，享受国家关于化肥运力安排等支持政策；购买使用有机肥产品的，享受不低于国家关于化肥的使用补贴等优惠政策。畜禽养殖场、养殖小区的畜禽养殖污染防治设施运行用电执行农业用电价格。

然而，截止到2017年底，新疆范围内尚未出台任何有关鼓励农业经营主体增施有机肥的补贴政策。农业部开展的果菜茶有机肥替代化肥行动，全国范围选了100个县进行试点，每个县补贴1000万元；然而，这100个县中也没有新疆区域的。

6.3.1.2 低碳生产技术采纳成本过高

降低使用成本是低碳生产技术得以推广的重要因素。低碳生产技术的应用必然使农业生产要素配置结构发生变化，而各类生产要素的价格和供给是不同的，必然带来农户生产成本的变化。现代化农业生产技术依赖机械作业、除草剂、化肥和农药，劳动力投入不断减少。而低碳生产技术基本相反，为减少化学性物质投入的碳排放，需要大量依赖人工，最终使得低碳生产技术采纳成本过高，而增产收益有限，在农户看来采纳低碳生产技术是不值得的。尽管有机肥料销售年均增速较快，但是有机肥体量远不及化肥，原因是运输成本较高且有机肥不享受化肥运价减免优惠政策。从生产端来看，企业生产、运输有机肥的成本要比化肥多，销售价格自然偏高，农户使用有机肥的成本自然随之提高。

其他低碳生产技术，如生物农药、可降解农膜（氧化—生物双降解生态塑料技术），也都面临因销售价格高于高毒化学类农药、普通农膜推广有限的困境。此外，生物农药因其病虫害防治效果缓慢、控制有害生物的范围较窄、药性发挥易受环境、温度等制约和干扰等不利因素，故不受农户青睐。新疆范围内使用的大部分是0.08mm农膜，比较稀薄，无法一膜两用。而可降解农膜存在加工困难、力学性能和耐水性能差的问题，市场供给太少，价格相对昂贵，其推广也只能通过试点项目进行，作业面非常小。

6.3.1.3　市场超额收益得不到满足

农产品市场销售价格是弥补所有生产成本的基础。有机农产品如有机蔬菜、有机瓜果等因其生产成本是非有机的3倍，加上物流配送等相关成本，因此其市场销售价格也比普通农产品高出5~10倍。事实上，新疆有机果品种植面积位居全国首位。其中，有机果品种植面积最多的是红枣、苹果和葡萄，主要分布在喀什、和田、阿克苏、伊犁、昌吉等地。而且，新疆的有机畜牧养殖（牛羊）头数也位居全国首位，有机认证总面积达9万多公顷，位居全国第六位。但是，需要认证的农牧产品必须在生产、加工、储存、运输和销售点等环节均符合有机食品的标准，加之有机农产品认证流程相对复杂，需要经历申请、检查、报告、付费颁证等环节，尽管很多农户认可有机农牧产品的价格，但是由于种植规模、资金和能力限制，用心经营有机农产品的农户占比还是很少的，需要专业合作社或生态、有机农业公司的带动及联合经营。当农户进入有机农牧产品市场的门槛较高，市场超额收益得不到满足时，农户便失去采纳不用化肥、不用农药、除草剂等低碳生产技术的持续性内在动力。

6.3.2　农户组织化程度低下障碍

农民专业合作社在发挥组织规模经营效应、降低生产物资采购成本、组织低碳生产技术培训、推广低碳生产技术方面有着较好的示范作用。据中国客户网数据统计，截至2017年底，新疆注册成立的各类农民专业合作社有6500家，其中玉米种植合作社221家、稻谷种植合作社282家、蔬菜种植农业合作社1062家、农业技术推广专业合作社1385家等，但是正常运营率只有50%左右，而且以生态、循环、低碳为生产方向的专业合作社比例就更少了。总之，新疆农民专业合作社的覆盖面还是较低，而且，运营中的合作社也面临诸如资金规模小、专业管理人才缺乏等问题。通过调研发现，南疆大批成长型畜牧专业合作社，由于缺乏上游龙头企业的扶持带动，组织农牧民参与市场竞争和抵御市场风险的能力十分有限，也难以得到产业上游提供的技术支持和金融信贷服务，农牧民入社积极性不高，通过合作社发展提高农牧民组织化程度作用不明显。农户组织化程度低下，使得低碳生产技术推广应用的组织化、规模化程度降低，相应地失去低成本应用低碳生产技术的组织基础，实则是增加了低碳生产技术推广应用的交易费用。

6.3.3 低碳生产技术推广障碍

低碳生产技术推广难度大，科技入户率较低，地区差距大、种植类型不同的农户接受认可程度差异大。以“减施化肥增施有机肥”低碳生产技术推广为例说明，为什么这一技术在实践应用中遇到各种阻碍，通过调研总结出以下几点原因：①历史性原因。20 世纪 80 年代，政府为了推进农技部门商业化改革，建立了“给编制少给钱”或“给编制不给钱”的自收自支、差额拨款的农技部门人事管理制度（胡瑞法，2018），即各级农技单位划分为全额拨款、差额拨款和自收自支三类，鼓励允许农技单位经营农业生产资料（如化肥、农药）创收活动维持单位职工工资和日常经费支出。在农产品要大幅度提高产量、保障粮食安全的时代背景下，政府农技部门、农资生产企业、农户成为自上而下的化肥推广、应用主体。农技部门商业化改革在一定程度上，助推增用化肥的浪潮。②“膜下滴灌＋水肥”一体化技术的“挤出效应”。新疆地处西北干旱区，水资源匮乏。“膜下滴灌＋水肥”一体化技术的推广，大大地提高了水资源利用率，节水、节肥、增产效益显著。而这一技术要求肥料的水溶性要极好，否则滴灌带会受堵、水肥运输不畅通。在现阶段技术水平下，化学性化肥更好地适应了这一技术的需求，无论市场是销售颗粒型商品有机肥，还是腐熟有机肥，都无法跟膜下滴灌农艺配套。从某种程度上，“膜下滴灌＋水肥”一体化技术将“有机肥”挤出棉花、玉米和小麦等大田作物种植过程。③减施化肥、增施有机肥技术应用的范围有限性。从地区看，南疆有机肥施用的范围和比例要比北疆偏大、偏高，主要因为近些年，南疆大力发展林果业，为了保证果品的质量和口感，果农倾向于化肥和有机肥配施。但总体而言，有机肥施用总量仍小于化肥施用总量。果农在施用有机肥过程中，还面临腐熟有机肥采集阶段性困难、季节性供应量不足、抗生素、重金属累积含量高、部分有机肥因发酵不彻底而带来的病害传染风险、有机肥施肥机市场供应量小、价格昂贵（2 万～5 万元/台）等诸多问题，因此，无法实现广泛地利用。④沼液替代水溶性化肥推广刚刚起步，市场需求极低。研究证明，沼液富含多种农作物生长所需矿质营养元素、活性物质等，既可以用作肥料、叶面肥，又可以做杀虫剂。然而，沼液的生产依赖于沼气工程。截止到 2016 年底，新疆处理农业废弃物沼气工程 4681.7 处，全国排名第 17 位（资料来源于

《中国环境统计年鉴》)，但很多沼气工程面临季节性停用、冬季产气量、产液量低等问题。由于沼液生产规模小、“膜下滴灌+沼液”技术推广也只是在个别地州、团场进行试点。此外，从农户角度来看，对沼液肥的认识还很浅，对市场上的高端货源存在一定抵触情绪，沼液肥的市场需求极其疲弱。

6.3.4 农地碳减排制度障碍

6.3.4.1 环境规制缺失

我国的农业碳减排制度渗透在各种农业环境保护政策当中，如《大气污染防治法》《固体废物污染环境防治法》《环境影响评价法》《环境保护法》等。为应对气候变暖，大力发展低碳经济，建立低碳产业体系，新疆维吾尔自治区按照党中央部署先后出台了一系列的政策或方案，其具体内容如表6.6所示。

表6.6 新疆应对气候变化、发展低碳经济的政策

年份：政策或方案	内容
2008年：印发《新疆维吾尔自治区应对气候变化科技专项行动方案》新政办发〔2008〕143号	与联合国开发计划署等国际组织和发达国家政府开展“实现千年发展目标的中国清洁发展机制开发合作项目”“生物碳监测与沼气利用项目”等。鼓励研究通过调控农业生产方式和土地利用方式减少温室气体排放的技术。研究、开发、推广秸秆处理技术，环保型肥料技术，家禽牲畜规模化饲养管理技术及粪便、废水和固体废弃物的综合处理利用技术，森林、草原的保护与灾害防控技术
2011年：《关于印发〈2011年自治区重点民生实事工程农村沼气项目建设实施方案〉的通知》(新农环〔2011〕99号)	开展农村沼气服务活动，提高户用沼气投料率和沼气产品效能，沼渣沼液综合利用面积达40万亩，沼气利用率达到80%以上
2012年：印发《自治区“十二五”控制温室气体排放实施方案》(新政发〔2012〕98号)	因地制宜发展农村风能、太阳能等清洁能源。加大节能农业机械和农产品加工设备的推广应用力度；推广节肥、节药、节水技术，大力发展循环生态农业；推行清洁生态养殖，加大规模化畜禽养殖场污染防治力度；提高农村沼气普及率
2012年：印发《新疆维吾尔自治区草原生态保护补助奖励资金管理暂行办法》(新财农〔2012〕43号)	落实国务院关于建立草原生态保护补助奖励机制，促进牧民增收，提高资金效益

续表

年份：政策或方案	内容
2012年：印发《关于自治区“十二五”节能减排工作实施意见》（新政发〔2012〕2号）	对农业COD、TP、TN排放量降低程度、测土配方施肥覆盖率、化肥利用率、农村沼气普及率、病虫害绿色防控率、规模化畜禽养殖场配套建设废弃物处理利用设施等作出明确规定
2016年：印发《自治区贯彻落实全国碳排放权交易市场建设工作实施方案》（新发改环资〔2016〕1034号）	完成全区427家重点企业2011至2014年温室气体排放盘查与核查工作
2016年：印发《新疆2016年耕地保护与质量提升项目实施方案》（新农计〔2016〕235号）	重点对南疆墨玉县、疏附县、柯坪县、博乐市、察布查尔县五个县（市）的种粮大户、家庭农场和农民合作社等新型农业经营主体和农民实施秸秆粉碎腐熟还田技术、增施有机肥技术和绿肥种植技术进行物资补助
2016年：印发《新疆2016年测土配方施肥项目实施方案》（新农计〔2016〕233号）	选择巴里坤县、昌吉市等13个代表性县（市）做好取土化验和田间肥效验等基础性工作。着力探索小麦、玉米和棉花化肥减量增效技术模式，率先实现主要农作物化肥使用量“零增长”
2016年：印发《2016年自治区耕地地力保护补贴政策实施方案》（新农计〔2016〕257号）	对依法享有耕地承包权，耕地实际用于种植小麦、青贮饲料、苜蓿、玉米等特定作物的农业种植者（含农场职工）进行补贴。做到主动改善地力，开展秸秆过腹还田、残膜回收等
2017年：印发《新疆维吾尔自治区应对气候变化“十三五”规划》	目标是严控温室气体排放，提升应对气候变化能力。要求大力发展低碳农业，控制农田CH_4和N_2O排放。提倡使用有机肥，推广低碳循环生产方式、保护性耕作技术，加强畜禽养殖场管理，减少养殖温室气体排放。加强天然林地、草地和湿地保护，增加碳汇供给
2017年：印发《关于健全生态保护补偿机制的实施意见》（新政办发〔2017〕164号）	对森林、湿地、草地、耕地等重点领域和重点生态功能区实现生态保护补偿全覆盖

资料来源：根据新疆维吾尔自治区人民政府官方网站资料整理得到，http：//www. xinjiang. gov. cn/。

“天下之事不难于立法，而难于法之必行”，法之必行的真正动力来自哪里？监督、激励、惩戒都会起作用。但还有一点容易被人忽视，那就是“法治精神”。规则活在心中，自然会有“不逾规”的行动约束。尽管新疆维吾尔自治区政府不断出台应对气候变暖、发展农村清洁能源的相关政策或行动方案，在一定

时期和一定程度上，改善了农村农业环境，但是存在以下不足：①缺乏一部专门的碳减排的系统性法律。碳减排往往与能源利用方式、土地利用方式紧密相连，在我国可再生能源利用技术较为落后的条件下，以传统能源消耗为主的生产结构和消费结构难以短时间内更改，必须通过“政策性立法”，规范应对气候变化和各项碳减排工作，需要各部门联合制定一部能统领各产业低碳发展全局、与其他环保立法相协调的碳减排基本法，并以此作为碳减排制度体系的法律基础和依据，以高效引导、保障碳减排的推行。②碳汇（或称碳生态封存）相关法律不健全。《森林法》中比较强调维持森林覆盖度、林木的种植与管护，这些条例内容有利于发挥森林碳汇功能，调节气候变化，但是针对《巴黎协定》相关内容，缺乏扩展森林碳封存容量、森林碳汇监测计量、开发林业生物质能源等的相关内容。《草原法》《土地管理法》关于“草原禁牧、草原生态修复、合理开发、利用土地特别是耕地”的内容在一定程度上促进草地、耕地等要素的保护和可持续发展，但未能明确强调将土地的利用、开发与土壤碳封存的生态服务功能有机结合，忽视了土地用途变更引发的碳排或碳汇效应及其对气候变化的影响。

6.3.4.2　农业补贴制度不完善

对农户的生态环境保护行为进行合理的经济补偿，是解决农户亲环境行为外部性问题的重要措施。多数学者认同生态补偿政策的经济激励作用，但也有学者提出质疑，如 Slavin 等（2013）研究认为物质奖励对能源节约和环境保护行为具有短期效应，一旦停止物质奖励，公众就会终止节能环保的努力。Abrahamse 等（2005）的研究也证实了这一观点。Zimbardo 和 Leippe（2007）的研究均表明经济报酬并不是亲环境行为必然发生的强有力刺激。如果为了经济报酬而发生亲环境行为，那么人们就会倾向认为是经济报酬这一外在因素而非自己的态度（内在因素）促进行为发生。一旦经济报酬减少或停止，亲环境行为就会减少至消失。这意味着经济激励政策存在局限性。人们的行为不仅受经济报酬诱导，也受道德规范或宗教信仰等约束。

在过去二十多年里，新疆化肥用量之所以大幅度上升，一方面是垦荒和耕地整理后粮食作物和经济作物种植面积的扩大引致化肥施用量上升，即规模效应作用；另一方面是国家对化肥生产企业在原料获取、生产运输及销售过程实施一系列的财税优惠政策，可以说我国的化肥产业是在政府连续的政策扶持下发展起来的，比如，2003 年 12 月国家调整电价，但是继续保留对化肥生产企业的优惠电价政策，据统计，单该项政策每年可降低化肥生产成本 60 多亿元人民币。对以天然气、煤为原料的企业实施优惠的天然气价格、用煤价格；对化肥铁路运价免征铁路建设基金；复合肥（NPK）、磷酸一铵（MAP）、尿素、磷酸二铵（DAP）分别于 1994 年、1998 年、2005 年、2008 年起享受免征增值税政策。而化肥限价政策更是有力地保证了农户买得起、用得起。

为解决缓解化肥施用带来的水土污染、减少农田 N_2O 温室气体的大量排放、提高化肥利用效率，政府也积极推广测土配方施肥。测土配方施肥补贴政策补助的对象主要包括取土化验、田间试验、科学制定配方、应用县域测土配方施肥专家、示范展示、施肥信息上墙、施肥技术指导服务、项目管理等，而农户并不是被补贴对象，农户无法得到直接的补贴利益，部分地区由于基层推广不力，很多农户并不知道科学配方是什么，依然评经验施肥，因此仍存在过量施肥、不合理施肥的现象，精准施肥带来的成本降低效果不是十分明显。

在鼓励施用有机肥方面，截止到 2017 年底，新疆维吾尔自治区政府未出台明确的补贴政策或补贴方案。就全国范围看，仅有北京、江西、上海、浙江等省市相继出台了农民施用商品有机肥补贴的政策，补贴金额 150～480 元/吨不等。截止到 2017 年，农业部印发了《关于做好 2017 年果菜茶有机肥替代化肥试点工作的通知》（农财发〔2017〕11 号）、制定了《开展果菜茶有机肥替代化肥行动方案》（农农发〔2017〕2 号），目标是建设 100 个果菜茶有机肥替代化肥的示范县，但是 100 个示范县中也没有新疆区域的。尽管诸多的方案中提及要探索种养结合路径、加强畜禽粪便资源化综合利用，但是缺少明确的有机肥补贴政策，如有机肥补贴对象是谁：是生产商品有机肥的小微企业，还是施用有机肥的农户？是所有的农户？还是果菜茶农户？补贴标准是什么？补贴资金怎么发放等都不明确。

6.3.5 其他障碍因素

6.3.5.1 保供给在短期内仍占主导，低碳农产品需求增长需要更长的时间

推进农业绿色发展是供给侧改革的重要内容之一，构建农业绿色发展技术体系是农业供给侧改革的内在要求。示范果菜茶有机肥替代化肥、奶牛生猪健康养

殖、测土配方施肥、病虫害生物防治、稻鱼综合种养等绿色技术和模式从本质上讲也符合低碳的内涵。化肥使用量的增加从根本上而言是由于人们对农产品需求量的增加。人口的不断增长需要有充分的粮食、果品满足基本生活需求。农业供给侧改革在于提高农产品质量效益的竞争力，前提是在保供给的基础上，实现节本增效、谋求质量安全。有机肥增产速度要慢于化肥，不可能也没有必要进行全部替代，只能逐步实施有机肥替代，先达到化肥农药的零增长，然后再实现负增长。同时，在健康消费理念的驱使下，人们对低碳农产品（或有机农产品）的需求不断增加，促使市场自发配置低碳生产要素，引导农产品向高端发展，必然会带来化肥、农药投入量的有效降低。然而，无论是新疆还是全国，具有高端农产品购买力的人占比还少，低碳农产品需求还很不足。

6.3.5.2　农产品优质优价的市场体系还不够完善

我国的绿色食品分A级和AA级别两种，A级绿色农产品生产允许限量使用化学合成生产资料，而AA级标准则更为严格，生产过程不能使用化学性肥料、农药、兽药、饲料及食品添加剂等有害环境和健康的物质。而有机农产品的生产技术标准要求更高，禁止使用基因工程技术，而且对土壤有严格的规定，如土壤从其他农产品到有机农产品的生产需要2~3年的转换期，对产品生产实行“从土壤到餐桌”的全程质量控制。所以，需要公司或企业联合生产基地或合作社及农户进行联合生产。新疆绿色食品、有机食品的认证数量也随着“一村一品”建设在慢慢不断增长，但是对很多企业的绿色、有机认证的权威性和诚信度受到质疑，消费者对此的认知度和辨识度不是很高。从销售市场看，有机农产品价格明显高于普通农产品，相当一部分消费者对价格还是比较敏感和在意的。此外，由于市场的不规范竞争、农产品生产者和消费者之间的信息不对称等问题，经常会形成有机农产品的“柠檬市场”问题，优质优价的市场竞争机制被扭曲，结果是有机农产品高生产成本难以顺利稳定地转化为高价市场回报。

6.3.5.3　低碳生产技术的研发、应用需要大量的资金支持

技术创新是经济发展的原生驱动力。大力发展低碳农业，推动农业绿色发展，必须依靠科技创新，强化科技供给，构建低碳生产技术体系。目前，低碳生产技术如低能耗、低污染的生物菌肥、生物农药、可降解地膜、新能源农机等的研发需要大量科研资金的支持。农业科研经费多由政府财政拨付，而农业科技项

目经费支持比例远远低于其他行业的投入，资金短缺直接限制了科研院所对低碳生产技术的探索、研发。同时，生物菌肥、生物农药、可降解地膜、新能源农机的生产也需要企业投入更多的生产成本，在一定程度上限制了市场供给。现实中，无论是发展低碳种植业，还是低碳循环畜牧养殖业，都需要农户（大户）或专业合作社等新型农业经营主体付出更多的人力成本、物力成本，对任何一个农业经营主体而言都是一件比较有挑战的事情。

6.4 本章小结

本章借助655份农户调查问卷数据，着重以减施化肥增施有机肥这一低碳生产技术为例，运用多元有序Probit模型识别农户低碳生产技术采纳行为的影响因素，并对农户低碳生产技术采纳障碍进行原因总结。结果表明农户低碳生产技术采纳行为发生概率显著受政策农户年龄、了解程度、风险偏好、非农收入占比、畜禽养殖数量、是否为合作社社员、技术培训次数、有机肥价格感知、有机肥易获取性、土壤质量十个因素影响。导致农户低碳生产技术—减施化肥增施有机肥低采纳率偏低的归因包括：预期收益得不到满足（表现为绿色补贴收益不足、市场超额收益得不到满足）、农户组织化程度低下（个体农户低碳技术采纳成本过高）、低碳生产技术推广障碍、农地碳减排制度障碍（环境规制缺失、农业补贴制度不健全）及其他（短期内保供给是主导、优质优价农产品市场体系不完善和低碳生产技术研发资金需求量大等）。

本章论证结论为第9章中9.3.1、9.3.2、9.3.3、9.3.4和9.3.7部分的政策建议做了实证铺垫。

第 7 章　低碳生产技术采纳条件下新疆农地碳减排潜力分析

由前文可知，畜禽粪便和化肥施用是新疆农地两大温室气体排放源，减施化肥增施有机肥既能够减少农地碳排，也可以保障农产品产量供给和质量安全，还是农业供给侧改革的内在要求之一，有利于农业提质增效，实现农业绿色低碳发展。那么，新疆农地减施化肥增施有机肥带来的碳减排潜力有多大？基于数据可获得性，本章以三种主要农作物即小麦、玉米和棉花为例，探讨其减施化肥增施有机肥能够实现的碳减排潜力，对 14 个地州市推广减施化肥增施有机肥的低碳生产技术的减排潜力进行排序，为碳减排任务的分配、提出适宜的减排政策提供依据。

7.1　碳减排潜力研究方法及资料来源

7.1.1　测算方法

本书的碳减排潜力是指因采纳低碳生产技术后带来的碳排放量的减少量。以减施化肥增施有机肥为例，减施化肥的比例不同，碳减排潜力就不同。本书采用排放系数法，借鉴李波、田云等学者的研究思路，构建新疆及 14 个地州市棉花、玉米、小麦种植过程中施用化肥（实际量）的碳排量测算公式如下：

$$CE_{ij} = C_f \cdot (MF_{ij} + YF_{ij} + XF_{ij}) \tag{7-1}$$

$$TC_{ij} = CE_{ij} \cdot (MS_{ij} + YS_{ij} + XS_{ij}) \tag{7-2}$$

其中，CE_{ij}表示第 i 地区第 j 年每亩农田实际施用化肥的碳排量，单位为千克。C_f 为化肥的碳排系数，依然沿用美国橡树岭国家实验室的测量结果，即 0.8956 千克。MF_{ij}、YF_{ij}、XF_{ij}分别表示第 i 地区，第 j 年棉花、玉米、小麦种植的每亩化肥施用量。TC_{ij}为三大农作物的实际总碳排量，MS_{ij}、YS_{ij}、XS_{ij}分别表示第 i 地区，第 j 年棉花、玉米、小麦种植的面积。

新疆全区及 14 个地州市的棉花、玉米、小麦种植过程中以科学施肥量施用化肥达到的碳减排潜力测算公式如下：

$$KC_i = C_f \cdot (MF_i^* + YF_i^* + XF_i^*) \quad (7-3)$$

$$PC_i = TC_i - KC_i \cdot (MS_{ij} + YS_{ij} + XS_{ij}) \quad (7-4)$$

其中，KC_{ij}表示在科学施肥情境下，第 i 地区每亩三大农作物种植施用化肥的碳排量，单位为千克，MF_i^*、YF_i^*、XF_i^* 分别表示每亩棉花、玉米、小麦的科学建议施肥量。PC_i 表示在科学施肥情境下，第 i 地区三大农作物种植化肥施用的总碳减排潜力。

7.1.2 资料来源

本书的资料来源为：①新疆 2013 ~ 2016 年棉花、玉米、小麦的每亩化肥投入数量来源于《全国农产品成本收益资料汇编（2014 ~ 2017）》，如表 7.1 所示。2013 ~ 2016 年棉花、玉米、小麦播种面积及单位面积产量数据均来源于《新疆统计年鉴》（2014 ~ 2017），如表 7.2 所示。②科学施肥方式下，新疆棉花、玉米、小麦的每亩化肥的施用量来源于农业部印发的《小麦玉米水稻三大粮食作物区域大配方与施肥建议》（以下简称《建议》）、《2014 年棉花科学施肥技术指导意见》（以下简称《意见》），如表 7.3 所示。

表 7.1　2013 ~ 2016 年新疆棉花、玉米、小麦每亩化肥实际投入量

单位：千克/亩

年份	棉花	玉米	小麦
2013	49.89	29.73	28.71
2014	49.11	29.98	29.53
2015	55.57	31.14	30.71
2016	45.18	32.27	30.88

注：表中化肥数据为折纯量。

资料来源：《全国农产品成本收益资料汇编（2014 - 2017）》。

表7.2 2013～2016年新疆及14个地州市棉花、玉米、小麦实际播种面积及单位面积产量

区域 农作物	棉花		玉米		小麦	
	面积（千公顷）	单产（千克/亩）	面积（千公顷）	单产（千克/亩）	面积（千公顷）	单产（千克/亩）
2013年	1718.26	136.47	920.80	469.87	1131.05	369.93
2014年	2421.33	124.20	910.80	469.27	1152.48	374.80
2015年	2273.11	126.07	961.87	488.67	1251.42	375.60
2016年	2154.91	136.40	918.68	481.73	1289.38	373.87
乌鲁木齐市	0.37	79.67	2.09	641.73	3.79	359.13
克拉玛依市	5.16	136.00	2.59	650.00	0.23	227.00
吐鲁番市	10.74	98.67	1.01	397.93	0.09	249.47
哈密市	28.65	123.07	1.32	600.27	21.03	351.07
昌吉州	79.04	131.47	92.76	638.53	178.82	395.20
伊犁州直属	6.37	139.73	161.41	812.33	180.68	368.93
塔城地区	200.92	140.53	185.15	863.47	122.00	397.87
阿勒泰地区	0.00	0.00	19.06	670.6	33.95	332.67
博州	0.23	137.67	18.37	901.47	0.09	332.00
巴州	0.97	138.60	54.53	634.47	0.30	415.07
阿克苏地区	3.41	117.47	153.88	597.33	15.67	450.87
克州	0.10	109.93	32.33	457.27	0.63	403.67
喀什地区	5.92	105.67	257.96	505.33	5.22	403.27
和田地区	0.97	96.60	92.95	459.67	7.95	373.87

注：限于版面，本表14个地州市数据仅列示2013～2016年度。
资料来源：《新疆统计年鉴》（2014～2017）。

表7.3 新疆每亩棉花、玉米、小麦种植的科学施肥建议用量

分类	施肥建议
棉花	（1）膜下滴灌棉田：皮棉亩产在120～150千克的条件下，氮肥（N）20～22千克，磷肥（P_2O_5）8～10千克左右，钾肥（K_2O）5～6千克；皮棉亩产在150～180千克的条件下，氮肥（N）22～24千克，磷肥（P_2O_5）10～12千克，钾肥（K_2O）6～8千克 （2）常规灌溉（淹灌或沟灌）棉田：皮棉亩产在110～130千克条件下，亩施用棉籽饼75～100千克或优质有机肥1.5～2.0吨，氮肥（N）20～23千克，磷肥（P_2O_5）8～10千克，钾肥（K_2O）3～6千克（依据《新疆统计年鉴》高新节水灌溉面积比例和调研新疆农业厅相关人员，新疆膜下滴灌棉田占比总棉田约为60%，本书取两类建议施肥数量的中间值）

续表

分类	施肥建议
玉米	Ⅲ-3 西北绿洲灌溉春玉米区： (1) 产量水平550千克/亩以下，配方肥推荐用量22~27千克/亩 (2) 产量水平550~700千克/亩，配方肥推荐用量27~35千克/亩 (3) 产量水平700~800千克/亩，配方肥推荐用量35~40千克/亩 (4) 产量水平800千克/亩以上，配方肥推荐用量40~45千克/亩
小麦	Ⅱ-3 西北灌溉产麦区： 产量水平300~400千克/亩，配方肥推荐用量19~25千克/亩，起身期到拔节期结合灌水追施尿素11~15千克/亩

注：均取建议施肥量的中间值。

资料来源：http：//jiuban.moa.gov.cn/fwllm/nszd/2014nszd/201404/t20140410_3846496.htm；http：//www.moa.gov.cn/nybgb/2013/dbaq/201712/t20171219_6119839.htm。

7.2 测算结果分析

根据上述公式、数据计算得到新疆及14个地州市在科学施肥背景下，棉花、玉米、小麦对应的碳减排量及总碳减排潜力，如表7.4所示。

表7.4 2013~2016年新疆三大农作物科学施肥单位面积碳减排潜力

单位：千克/亩

年份	棉花	玉米	小麦
2013	12.44	4.24	-1.16
2014	11.74	4.46	-0.42
2015	17.53	5.5	0.64
2016	8.22	6.51	0.79

资料来源：根据文中所述方法计算得到。

7.2.1 单位面积碳减排潜力分析

在科学施肥背景下，2013~2016年，新疆棉花种植单位面积碳减排量由12.44千克/亩减少至8.22千克/亩，一方面表明，在这4年中，新疆维吾尔自治区通过新型肥料研发、推广和水肥一体化节肥技术和测土配方施肥技术应用，单位面积棉花种植化肥用量逐年减少（如表7.1所示），因此，碳减排潜力也逐渐减少。另一方面表明，棉花种植过程中，减施化肥增施有机肥这一技术在碳减排方面仍存在较大的潜力。而玉米、小麦单位面积碳减排量分别由4.24千克/亩增加至6.51千克/亩、-1.16千克/亩增加至0.79千克/亩（如表7.4所示），原因是玉米和小麦单位面积的化肥投入量均是递增的，农田减肥在这两种农作物种植方面呈现负效应。显然，不同农作物的化肥需求量差异显著，相应地减施化肥带来的碳减排功效也不同。

7.2.2　总面积碳减排潜力分析

7.2.2.1　全疆科学施肥碳减排潜力

根据农业部发布的新疆粮棉作物种植施肥建议，测得2013~2016年新疆棉花、玉米和小麦的化肥施用总碳减排潜力。总结为以下几个特征：①假如严格执行科学施肥建议，2013~2015年，新疆三大主要农作物科学施肥的碳减排量逐年递增，由35.95万吨增加到68.91万吨。侧面说明实际中这三大农作物的施肥量仍呈现递增趋势，因为玉米和小麦的种植面积是不断增加的，而且单位面积的化肥施用量也是逐年增加的且高于《建议》中的量，从而表现出较高的减排潜力。而自2016年全疆开始落实“化肥零增长”目标后，化肥用量在一定程度上减少，相应的碳减排潜力变为37.07万吨。②对比不同的农作物，棉花科学施肥的碳减排潜力最大（26.57万~59.77万吨），然后是玉米（5.86万~8.97万吨），碳减排潜力最小的是小麦（1.2万~1.53万吨），如表7.5和图7.1所示。可见，农作物种类不同，对应的化肥需求量也不同，而且不同农作物的播种面积有差异，因此在采取减排措施时，要考虑当地农作物品种、播种面积和对有机肥的喜好及吸收程度，避免因碳减排引起的农作物产量下降和农民减收等问题。

7.2.2.2　各地州市科学施肥碳减排潜力对比

如表7.5所示，从碳减排总量看，减排潜力位居前三位的分别是塔城地区（44299.03吨）、喀什地区（25981.59吨）和昌吉州（20922.66吨）。塔城地区、昌吉州、喀什地区是新疆畜牧养殖量比较大的地区，有充分的有机肥供应。在技术可行情况下，三大主要农作物减施化肥增施有机肥而综合减少的碳排潜力也是比较大的。而碳减排潜力较小的三个地州市是博州（1823.26吨）、克拉玛依市（891.87吨）和乌鲁木齐市（294.62吨），主要因为这三个地区的棉花、玉米和

表 7.5 新疆及 14 个地州市棉花、玉米、小麦化肥施用的碳减排潜力对比

区域 / 农作物	棉花碳减排量（吨）	排名	玉米碳减排量（吨）	排名	小麦碳减排量（吨）	排名	碳减排量合计（吨）	排名
2013 年	320627.32	—	58562.88	—	-19680.27	—	359509.93	—
2014 年	426396.21	—	60932.52	—	-7260.62	—	480068.11	—
2015 年	597714.27	—	79354.28	—	12013.63	—	689082.18	—
2016 年	265700.40	—	89709.10	—	15279.15	—	370688.66	—
四年累计	1610438.20	—	288558.78	—	351.89	—	1899348.88	—
乌鲁木齐市	45.62	11	204.09	12	44.91	9	294.62	14
克拉玛依市	636.23	7	252.91	11	2.73	12	891.87	13
吐鲁番市	1324.24	4	98.63	14	1.07	13	1423.94	11
哈密市	3532.55	3	128.90	13	249.21	5	3910.65	7
昌吉州	9745.63	2	9058.01	6	2119.02	2	20922.66	3
伊犁州直属	785.42	5	15761.69	3	2141.06	1	18688.17	4
塔城地区	24773.44	1	18079.90	2	1445.70	3	44299.03	1
阿勒泰地区	0.00	14	1861.21	9	402.31	4	2263.52	10
博州	28.36	12	1793.83	10	1.07	14	1823.26	12
巴州	119.60	9	5324.85	7	3.56	11	5448.01	8
阿克苏地区	420.45	8	15026.38	4	185.69	6	15632.52	5
克州	12.33	13	3157.02	8	7.47	10	3176.82	9
喀什地区	729.94	6	25189.79	1	61.86	8	25981.59	2
和田地区	119.60	10	9076.57	5	94.21	7	9290.38	6

注：限于版面，本表 14 个地州市数据仅列示 2013～2016 年度。

资料来源：根据文中所述方法计算得到。

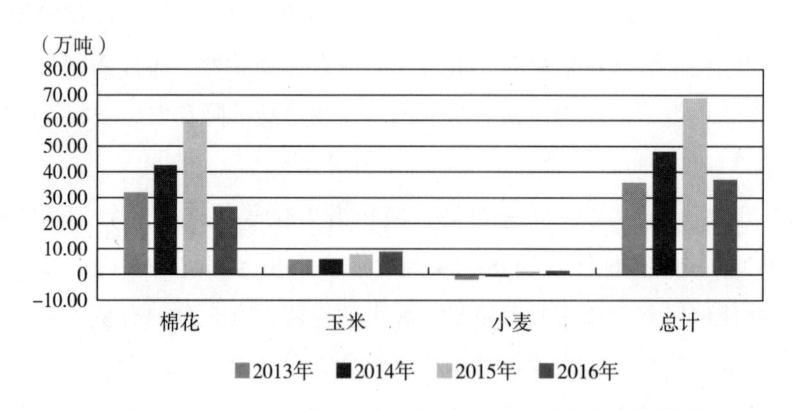

图 7.1 2013～2016 年科学施肥情境下新疆三大作物碳减排量对比

小麦的种植面积都相对较小，化肥用量也相对较小。

从不同的农作物看，棉花按《意见》施用化肥的碳减排量由大到小位列前三位的是塔城地区（24773.44 吨）、昌吉州（9745.63 吨）和哈密市（3532.55 吨），这三大地州市都位于北疆；玉米按《建议》施用化肥的碳减排量由大到小位列前三位的是喀什地区（25189.79 吨）、塔城地区（18079.90 吨）和伊犁州直属（15761.69 吨）；小麦按《建议》施用化肥的碳减排量由大到小位列前三位的是伊犁州直属（2141.06 吨）、昌吉州（2119.02 吨）、塔城地区（1445.70 吨）；可能的原因是塔城地区的棉花、喀什地区的玉米和伊犁州直属的小麦的种植面积分别是最多的，在科学施肥的情境下，这些区域就具备较大的碳减排潜力。同时也表明北疆农地的碳减排潜力是大于南疆的。那么，在分配碳减排任务时，要考虑各地州市不同气候、水分条件、农作物的种植情况和经济发展目标，制定合理的碳减目标。

7.2.3　讨论

依据《新疆统计年鉴》（2014～2016）中化肥施用量数据以及所测科学施肥背景下三大主要农作物化肥施用的碳减排潜力数据看，2016 年之前新疆连续多年推行的测土配方施肥技术的节肥减排取得一定成效，但成绩还不够理想。在调研过程中发现有相当大比例的农户并不是按“配方”施肥，其中的原因有以下几点：一是有些地区确实没有推广测土配方施肥技术。二是农业技术推广存在“最后一公里”难题问题，由于某些地区基层农技推广人员工作落实不到位，致使农户并不知道科学的“配方”，依然根据自己多年种地经验来施肥。三是不少农户对“配方”不够信任，担心减少化肥用量会影响增产、增收效果。而 2016 年这一年农田减肥减排效果比较显著，2016 年国家将测土配方施肥工作由普惠制改为重点推进，新疆有昌吉市、巴里坤县、塔城市等 13 个市县重点开展测土配方施肥指导服务，并向南疆粮棉“三个千万亩”重点市县倾斜①，认定了 64 家“2016 年度新疆测土配方施肥认定企业”，先后在巴州、塔城、博乐、昌吉等

① 重点选择昌吉市、塔城市、博乐市、新和县、阿克陶县、伽师县和洛浦县，突出棉花、玉米和小麦等施肥量较大的作物，着力探索化肥减量增效技术模式和工作机制。

地开展化肥减量施肥技术培训，在一定程度上，促进了各级农业经营主体科学施肥，提高了化肥利用率，减少了碳排放。

7.3 本章小结

本章主要测算了2013~2016年新疆及14个地州市的棉花、玉米、小麦在科学施肥情境下实现的碳减排量。结果表明碳减排潜力由大到小的顺序是棉花>玉米>小麦。在应用低碳生产技术条件下，2016年各地州市三种农作物的碳减排潜力排序是塔城地区>喀什地区>昌吉州>伊犁州直属>阿克苏地区>和田地区>哈密市>巴州>克州>阿勒泰地区>吐鲁番市>博州>克拉玛依市>乌鲁木齐市。尽管本章研究结果存在一定的误差，但是不影响整体趋势的判断，可以根据研究结果导向提出相应的政策建议；造成测算误差的影响因素是：①限于时间、精力和资料的限制没有获得各地州市测土配方施肥量数据，本书只能以农业部发布的棉花、玉米、小麦的科学施肥量作为全疆及14个地州市化肥施用的碳减排潜力测算标准，而新疆南北疆水分条件、土壤质量差别较大，《意见》中给出的西北棉区棉花施肥指导意见与新疆、北疆或南疆地州市具体的配方存在一定差异。②《全国农产品成本资料汇编》中新疆棉花、玉米、小麦三大农作物每亩化肥投入类型及其数量是各级价格主管部门对各县农户的典型调查数据，不完全代表各地区的平均水平，比如，汇编资料里涉及新疆磷肥用量的数据都是0，与实际不太吻合。

本章论证结论为第9章农地碳减排总体思路“9.1.3 实施地区差异化减排增汇”和制度设计“9.3.3.2 加强农地碳减排技术的培训与推广”的提出做了实证铺垫，佐证了农地利用碳减排的可行性。

第 8 章　国内外碳减排的成功经验与启示

前文梳理了新疆农地碳排的现状，从制度缺失、低碳生产技术采纳、减排利益不足和农户组织化程度低弱四个主要方面深入分析了农地碳减排的障碍，使我们意识到，要大力发展低碳农业，促进农地碳减排，必须从制度、技术、资金和组织等方面加强建设。在构建农地碳减排策略体系之前，有必要对国内外节能减排的成功经验进行梳理和归纳，找出其共性要素，为本书提出科学合理的农地碳减排政策建议提供借鉴和启示。

8.1　国外碳减排经验

8.1.1　碳排放权交易机制

1997 年通过的《京都议定书》中规定了三种旨在减少 CO_2 排放、遏制全球变暖的碳排放权交易机制即清洁发展机制（CDM）、联合履约机制（JI）和国际排放交易机制（ET）。

清洁发展机制是发达国家以提供资金和技术的方式，与发展中国家进行项目合作来实现“经核证的减排量”，从而完成议定的碳减排承诺（赵晓岚，2013）。CDM 是一种双赢机制，通过项目合作，发展中国家可获得有利于地区经济可持续发展的先进技术和紧缺资金，而发达国家可有效地降低其在国内实现碳减排所付出的高昂成本。简言之，发达国家以“资金 + 技术”换取“碳排放权”。CDM 主要分布在造林和再造林、农业、化工行业、废物处理等，成为各国区域性和自愿性减排计划实施的主要途径之一。

CDM 项目一般由七个步骤组成（如图 8.1 所示）：对潜在 CDM 项目进行识别、准备项目设计文件（PDD），描述基准线确定方法，确保其具备可测量的和额外的碳减排效果；由指定的国家 CDM 主管机构负责项目的评估和批准；并请第三方经营实体如会计事务所、咨询公司或法律事务所负责项目的审核认证，将获批项目文件上呈执行理事会进行注册登记，这四个步骤在项目实施之前必须完成。之后是项目的实施与监测，由第三方经营实体对 CDM 项目的碳减排量进行周期性审查和测算，出具核证报告，并将结果通知 CDM 参与双方，最后向 CDM 执行理事会提交核证报告，申请签发 CERs。

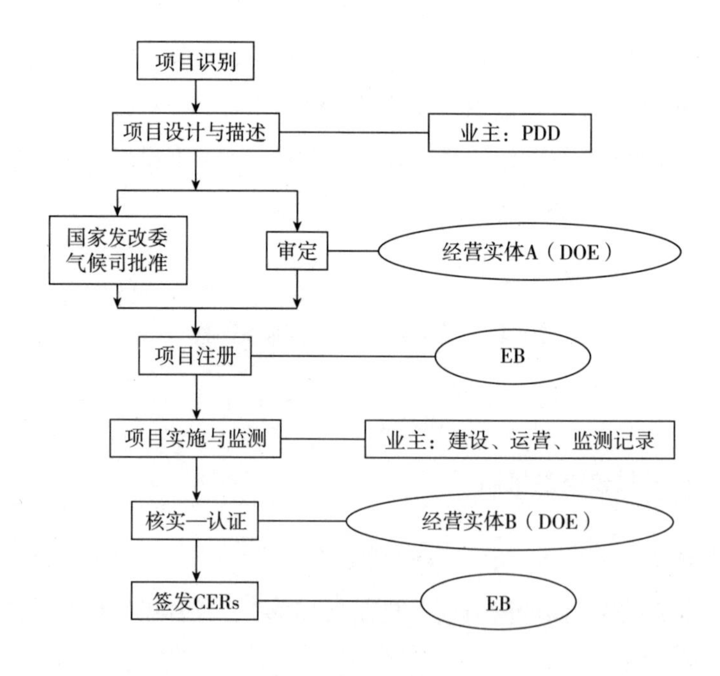

图 8.1　CDM 项目流程

注：图中 EB 是指联合国执行委员会；DOE 是经营实体，即经 EB 指定的第三方机构或是具有认证能力的科研单位。

联合履约机制（JI）：发达国家之间通过项目合作实现碳减排。即在联合履约机制下，发达国家 A 在发达国家 B 领土上建设减排项目，A 实现的减排单位（Emission Reduction Union，ERU），可以转让给 B，但同时要扣减相应的转让方

的碳排配额（Assigned Amount Units，AAUs）。

国际排放交易机制：一国将其超额完成减排指标出售给另一个未完成减排责任的发达国家（黄孝华，2010），同时抵扣转让方的允许排放限额。《京都议定书》对发达国家规定了定量的减排责任，使碳排放权成为稀缺的可交易的商品，公共资源演化为生产要素。

8.1.2　欧盟碳减排行动

8.1.2.1　确立碳排放交易机制

《京都议定书》确立了缔约方各国在碳减排任务上“共同但有区别的责任”的原则。欧盟第一阶段的减排目标是在2008～2012年碳排放在1990年水平的基础上减少8%。为此，经历了几次调整完善，欧盟的碳排放交易机制法规于2005年1月1日正式开始实施，并于2010年提出一项“20－20－20”的新减排计划，即到2020年碳排放在1990年的基础上减少20%，可再生能源占总能源消费的比例和能源效率均提高到20%。

欧盟碳排放交易机制（Emission Trading System，ETS）主要包括以下内容：首先将承诺的碳减排目标在成员国内部依据其能源结构、可再生能源发展潜力、经济技术水平等因素进行差异化分配。如马耳他承担10%的减排任务，瑞典承担49%的减排任务。其次，各成员国将分得的减排配额按照能耗标准二次分配到国内电力、炼化、造纸等高能耗、高污染的大型企业，前期的配额基本是免费的。企业分配的减排配额可在市场上进行交易，因为有些企业由于技术水平落后，能源消耗量大，实际的碳排量要远远大于碳排配额，因此需要向有富余配额的企业进行购买。欧盟的碳排放交易机制有严格的监察程序，对无法完成减排配额的企业有严厉的处罚措施，将面临高达40～100欧元/吨的罚款，这样的额度远远超过市场上出售的碳排放配额价格，而且第二年要承担前一年1.3倍的配额。碳排放交易机制本质是通过产权交易削减碳排放的一种手段，这一机制在欧盟成员国内部发挥了积极的节能减排效应，同时也为全球碳减排市场提供了很好的借鉴经验。但不可否认的是碳排放交易机制过分强调依赖市场工具作用减排，忽视了市场本身的局限性和气候的公共物品属性，为了解决这些问题，欧盟采取了相应的补救措施，如碳排配额逐渐以公开拍卖机制代替免费分配，将碳排放限额交易指令适用范围拓宽至铝制造、氨水等行业，在 ETS 第三阶段给予受碳泄漏影响严重的能源密集型企业免费配额等。

自启动 ETS，欧盟通过 JI 和 CDM 两项机制将 147 个国家引入碳排放交易体系，成为全球最大的碳交易市场，推动了减排信用对减排项目的投资。并且在具体的减排行动中，欧盟实时追踪、评估碳减排政策的实施效果，及时动态调整目标和措施，最终取得了较好的减排成绩。据 EEA 的数据显示①，2010 年，欧盟 27 国温室气体排放总量比 1990 年下降 15.5%；结构减排效果明显：能源部门、农业和工业生产过程的温室气体排放分别占排放总量的 80.0%、9.8% 和 7.0%；减排效果得益于清洁生产、循环经济等技术减排手段的实施、产业结构调整和高碳产业的转移。

8.1.2.2 实施碳税政策

碳税，即对 CO_2 排放进行征税，主要依据各种燃料中碳的比例或 CO_2 清除量征收的一个税种。碳税作为一种兼具经济和法律两种属性的环境改善手段，率先在欧盟国家实行，旨在促进各类经济主体减少对煤炭、石油等化石燃料的使用，进而减少 CO_2 排放，同时增进清洁能源生产和消费，提高能源效率，达到延缓全球气候变暖的目的。碳税政策能在欧盟国家开展主要由其经济发展阶段和能源供给特征决定。欧盟成员国基本都是经济发达且能源需要大量进口的国家。为了减少对进口能源的依赖，加强能源安全，实施碳税能够有效地抑制企业对化石燃料能源的消耗，通过技术创新并结合地理优势，积极研发可再生能源或清洁能源，提高能源利用率。欧盟目前没有规定统一的碳税征收制度，由国家自行确定，各国减排目标不同，因此在税率和制度方面存在差异。从 20 世纪 90 年代以来，欧盟成员国纷纷开征碳税，并随着经济发展对税率进行动态调整。例如，瑞典规定的碳税由 1991 年的每排放 1 吨 CO_2 征收 250 克朗到 1995 年上调为 340 克朗。芬兰 2002 年的碳税税率高达 1712 欧元/吨 CO_2。德国自 1999 年进行生态税改革，英国自 2001 年开始征收气候变化税。无论是气候变化税还是生态税，本质上是使化石燃料对气候环境的危害治理成本内部化，如表 8-1 所示。

① 资料来源：碳排放交易网 http://www.tanpaifang.com/CDMxiangmu/2016/0216/50623_2.html。

表 8.1　欧盟成员国开征碳税时间及税率比较

国家（征税时间）	征税范围及税率
芬兰（1990）	对各种燃料和电力征税，1712 欧元/吨 CO_2；使用风力等可再生能源发电的企业可免税；自 2008 年 1 月 1 日起，对汽车实行基于 CO_2 排量的征税办法，税率范围 12.2% ~ 48.8%。2018 年税改后，CO_2 低排放量的汽车税负得以减轻
挪威（1991）	汽油、矿物油和天然气等；石油：41 欧元/吨 CO_2
丹麦（1992）	征税范围由家庭（房屋供暖：0.0732 欧元/千瓦时）延伸到工业部门；征收对象：柴油（0.055 欧元/升）、煤（55 欧元/吨）、天然气（0.047 欧元/立方米）等，风力和水力发电免税；100 欧元/吨 CO_2；签订减排协议的轻工业：9.2 欧元/吨 CO_2；签订减排协议的重工业：0.4 欧元/吨 CO_2（沈满洪、贺震川，2011）
荷兰（1998）	燃油、柴油、液化石油气、天然气和电力；14.50 欧元/吨 CO_2；2012 年起开征汽车里程税，一辆普通家用轿车的里程税税额由 2012 年的 3 欧分增加到 2018 年的 6.7 欧分
意大利（1997）	对电力消费、甲烷、无铅汽油等征收能源税；1997 年直接针对 SO_2 及温室气体排放征收；1999 ~ 2005 年，依据油产品的碳含量修改其消费税，对煤等其他燃料征收新消费税（张亮，2017）
瑞士（1999）	210 瑞士法郎/吨 CO_2
英国（2001）	煤 7 欧元/吨 CO_2；天然气 13 欧元/吨 CO_2；电力 14 欧元/吨 CO_2

资料来源：根据文献资料整理而得。

8.1.2.3　欧盟共同农业政策

欧盟共同农业政策（CAP）是欧盟成员国实施的共同政策之一，旨在促进技术进步，提高农业劳动生产率，规范欧盟内部农产品生产、加工和贸易活动，对成员国农业发展实行价格支持，增加农民收入，同时非常注重农业生态环境和动物生存环境保护与改善，保证食品安全（杨筠桦，2018）。欧盟对农业生产环境的保护体现在每次的政策调整或改革中：① 1992 年的麦克萨里改革：加强休耕作用，让土地退出生产，降低产量，解决生产过剩问题，同时减少杀虫剂和化肥施用。对农民进行收入支持，对冻结耕种面积（即休耕）的农场主，根据其种植面积给予直接补贴。② 1999 年通过《欧盟 2000 议程》：建立新的农村发展计划，以支付酬金或提供农场创建贷款贴息的方式支持青年农民创建农场、提供培训，鼓励农业生态环境保护。③ 2007 年 CAP“健康检查”：探讨设计高效率、简单化的直接补贴机制来应对环境变化、水资源管理和生物多样性保护的新挑战。④ 2011 年农业政策改革：直接支付改革的重要内容之一是强制要求成员国将鼓励生产者实施有利于应对气候变化和环境保护的生产实践相挂钩，绿色建议措施包括保持永久性牧场、保持农作物品种多样性、保持耕地中至少有 7% 的“生态重点区”用于树木、绿篱、缓冲带、休耕地等。

8.1.3 英国碳减排经验

8.1.3.1 重视碳减排的法律体系建设

气候变暖表面上是环保问题，本质上是发展问题。气候立法是国家意志的体现，有利于依法治国、依法发展。气候立法就是以制度建立规范国家低碳转型。英国是发展低碳经济的首创者，非常注重气候治理立法。早在 2008 年就通过了世界第一部气候变化法律 *Climate Change Act*（《气候变化法案》，以下简称《气变法》），该法案确立了英国自上而下的气候治理机制，以法律的形式确定了英国中长期的碳减排目标以及相应的碳预算制度，成立了气候变化委员会作为全国气候变化管理工作的组织机构，建立了碳排交易体系来促进经济主体应用低碳生产技术，以完成议定的减排目标，同时降低国家监管成本。《气变法》的意义在于它奠定了英国在全球气候治理中的领导地位，以法律形式约束国家经济低碳转型，积极探索碳金融、碳信用、碳捕集和碳封存技术在温室气体减排中的作用，塑造本国在全球低碳产业中的竞争力。

8.1.3.2 系统的农业环保政策体系

根据政府干预程度的强弱，英国农业环境政策分为三类：①命令控制型，如行政许可、排放标准、限期治理等。②市场经济刺激型，包括排污许可证制度、环境税费、生态补偿机制等。利用市场经济机制进行环境管理被认为是目前最有效的环境政策，英国政府以征收肥料税约束农户的过量化肥投入，并对农业大力度地实行补贴和保护政策，逐步减少与生产挂钩的补贴项目，相应地增加与非生产挂钩的补贴，主要包括农业环境计划、脆弱地区支持计划、动物疾病补偿、休耕补贴等。③综合发展型，如政府支持、信息公开、公众参与等。鼓励公众参与是英国环境管理常用的方法，通过参与咨询、评议政府政策等调动了公众投身环保的积极性。

8.1.3.3　全面的农地碳减排技术

英国减少农地碳减排相关技术措施可归纳为两大类。一是重视碳排放的源头控制。即严格管控农地利用方式、禽畜养殖粪便无害化处理和增产化学品投入，将污染排放控制到最低点。在土地利用类型转变上，规定了永久性的退耕还草区域、划定永久性牧场。重视土壤有机质提升管理，培植闲田绿肥，改进保护性耕作技术，提倡秸秆还田。畜禽养殖管理方面，减少畜禽放养时间，降低牧场载牧率；草场定期轮牧；调整牲畜饲料结构。氮肥使用要遵守以下规定：①严格限制农作物氮肥最高使用量。②耕地有机肥氮投入量要小于 250 千克氮/公顷。③氮肥施用时间。在农地管理过程中，制定了专业管理手册，通过颜色区分农场可用畜禽粪便的程度，比如农场红色区域代表不能使用畜禽粪便、黄色区域表示限制使用、绿色区域表示可以使用等。二是控制碳排放转移途径。从土壤管理及枯落物覆盖、增施有机肥、农田水利基本建设三个维度，实现碳元素释放途径的阻断。在耕作方面，采用少耕、免耕、地表微地形改造技术等综合配套措施形成保护性耕作制度。在畜禽粪便管理方面，养殖场必须建设标准的粪尿无害化收集处理配套设施，达到干湿分离、减少养殖场污水和污浊气体排放，远离河道、田间排水沟堆放固体有机肥，倡导有机肥还田，实现粪肥“三化”高效利用。在农田基础设施建设方面，畜禽养殖场必须远离河流水源等。比如，有机肥的使用范围限制在：距离地表水 10 米以上，距离水井、泉眼 50 米以上；距离地表水 2 米内不能使用化工肥料等。

8.2　国内农地碳减排经验

8.2.1　四川测土配方施肥和户用沼气碳减排 CDM 项目

四川地处中国西南部，总面积 48.6 万平方公里，地貌涵盖山地、丘陵、平原和高原四类，气候湿润；是全面范围内较早发展低碳农业、开展碳汇交易的省份，注重低碳农业发展机制建设，基本确立了“企业—碳交易机构—农村专业合作组织—农户”的碳交易机制，促进农民通过发展低碳农业获得碳减排量的销售收入。截止到2015年5月底，该省获批的CDM项目达到565个，居全国首位，注册项目368个，签发项目103个，项目实施完成的减排量也位列全国第一。下面介绍两个四川CDM项目（孙芳，2011），CO_2指标买卖双方均是美国国际集团和四川环境保护对外经济合作服务中心。

8.2.1.1 测土配方施肥碳减排CDM项目

测土配方施肥碳减排是通过运用测土配方施肥技术，对农作物进行精准施肥，降低农田氮肥施用量，进而减少CO_2和N_2O排放。通过注册CDM项目，将碳减排量出售给发达国家的企业或公司，卖方由此获得碳减排的市场收益。

测土配方施肥CDM项目介绍：该项目CO_2指标卖方是位于四川广元市剑阁县的四川环境保护对外经济合作服务中心；买方是美国国际集团（American International Group，AIG），是一家总部设于纽约的提供跨国金融和保险服务的集团公司。CDM项目内容是：项目合同期是2008～2010年，约定从2008年起，连续3年，对剑阁县约340万亩的农田（主要作物是水稻、小麦、玉米和油菜）采取测土配方施肥技术，通过配方专用肥替代常规氮肥，从而间接减少化石燃料使用，达到碳减排目的。由北京大学负责抽样调查并依据调查结果计算减少的化肥用量，然后结合碳排系数计算碳减排量，并与该区域没有采纳测土配方施肥技术的农户温室气体排放量作对比，最终出具监测报告。由中国农业科学院农业与气候变化研究中心负责认证减排量，认证后的碳减排量最后由卖方在北京环境交易所注销。据检测报告披露，该项目达到的减排量为每亩0.059～0.064吨CO_2，2008年和2009年实现累计减排量为104411.15吨。

8.2.1.2 户用沼气碳减排CDM项目

户用沼气碳减排是指农户利用牲畜粪便发酵生产沼气，以燃烧沼气代替燃烧化石燃料实现碳排放减少，同时也减少牲畜粪便处理过程中的温室气体排放。

户用沼气CDM项目介绍：在四川南充市西充县和仪陇县，向农户推广户用沼气技术，实现农业和农村生活碳减排。由北京大学组织农户入户问卷调查，结合默认碳排因子，计算碳减排量，并与该区域没有采用沼气的农户的畜禽养殖的温室气体排放量作对比，形成检测报告。然后由相关单位对减排量进行认证、注销。据检测报告披露，四川南充市的西充县和仪陇县农户的户用沼气项目达到的减排量为每户1.35～1.75吨CO_2，2008年和2009年实现累计减排量合计为

46380.79 吨。

8.2.2 浙江临安林农营林碳汇增收项目

大力发展林业，积累森林碳汇是降低 CO_2 浓度的重要途径，也成为有效延缓气候变暖的国际共识。然而受林木生长周期长，回报期长且回报率低、国内木材市场不景气和林业限伐政策约束等因素的影响，很多农户不愿意退耕还林或经营林业。然而，这样的问题在浙江临安得到了有效解决。

2011 年，浙江省临安市在国家林业局批准下建立了全国第一个“碳汇林业试验区”。参照国际自愿碳市场交易模式，临安市政府联合中国绿色碳汇基金会、相关单位开展森林增汇出售以减排促收等方面的研究和实践活动，构建并不断完善“农户森林经营碳汇交易体系”，积极鼓励林农实现可持续经营。在当地政府的引导下，临安 42 户林农通过承包毛竹、雷竹、枫香、香樟、白玉兰等碳汇林，经碳汇自愿交易托管平台卖出碳汇 4285 吨，获得 12.86 万元收益；其碳汇经营及交易流程如图 8.2 所示。

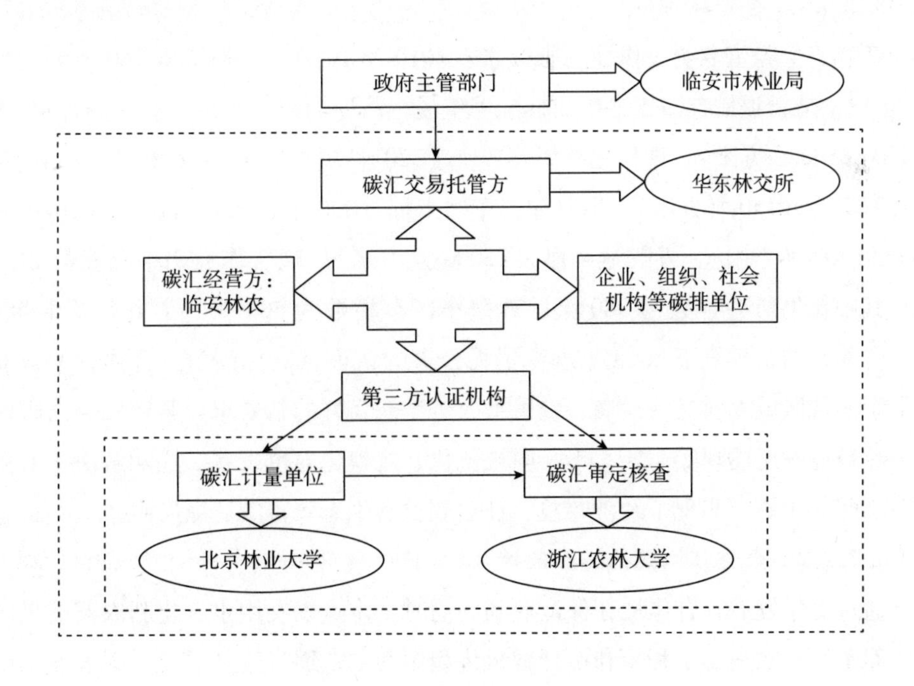

图 8.2 临安林业碳汇经营及交易流程

2016 年 9 月，G20 峰会在中国杭州举行，这次峰会也是历史上 G20 首个低碳峰会。会务初始，G20 峰会在杭州低碳科技馆启动了“碳中和”项目，即以植树造林方式中和了峰会因餐饮、住宿和交通等活动排放的 6674 吨 CO_2，而 334 亩碳汇林营造地点就是临安太湖源镇。据中国绿色碳汇基金会测算，这 6674 吨 CO_2 在未来 20 年内可由这批碳汇林完全中和。该“碳中和”造林项目得到了老牛基金会和万马联合控股集团有限公司的共同捐助。

临安林业碳汇交易项目的启动和运行，为全国林农增汇增收树立了典范，同时也为当地企业搭建了自愿减排、扶贫惠农的社会公益平台；不仅保障了林农获得提供生态服务价值的市场收益，而且促进了企业履行环保社会责任。临安创新的生态治理模式也得到了联合国气候变化大会上众多国家的认可，肯定了这一模式在增加农民收入、保护生物多样性和减少温室气体排放等方面的积极作用，值得更多国家进行推广应用。

8.2.3 新疆昌吉州新峰奶牛养殖专业合作社低碳循环养殖模式

8.2.3.1 合作社简介

新峰奶牛养殖专业合作社注册成立于 2010 年 10 月，注册资本 360 万元，社员 36 户，是新疆昌吉回族自治州标准养殖场，占地面积 555 亩。拥有圈舍 48 栋（面积 32500 平方米）、现代化挤奶厅 2 座（320 平方米、640 平方米）、成品饲料储备库 1 栋（150 平方米）、饲料加工车间 1 栋（300 平方米）、饲草料配送中心 1 座（1200 平方米）、青贮池 4 座（15000 立方米）。现合作社奶牛存栏数 2152 头，其中托牛所存栏数为 980 头，养殖小区存栏数为 588 头，牛场后备牛 584 头。合作社的生鲜乳于 2015 年进行了无公害的认证及商标注册。合作社的成立立足于实现区域农村经济发展、农民增收、生态良好的新要求，紧密结合昌吉州奶牛养殖业发展的现实需要，不断向规范化、规模化养殖发展，成功解决了农民种养之间的矛盾，实现了经济效益、社会效益和生态效益的三赢局面。

8.2.3.2 合作社低碳循环养殖模式

通过多年发展，合作社在保证盈利的同时，重点以农用水、化肥农药减量施用、养殖废弃物资源化利用和秸秆饲料化利用为主，逐步建立了“低碳农业示范基地—苜蓿种植 + 秸秆生产青贮饲料—奶牛养殖—废弃物处理—有机还田”为主

线的循环模式，如图8.3所示，重点开展节水滴灌、配方施肥、水肥一体化、畜禽养殖粪污综合治理、农作物秸秆饲料化利用和清洁化饲养等农业面源污染综合防治示范工程，实现农业资源利用节约化、生产过程清洁化、产业链条生态化、废物循环再生化，构建低碳循环农业体系，形成可复制、可推广的低碳循环农业典型，推动当地生态循环农业发展。

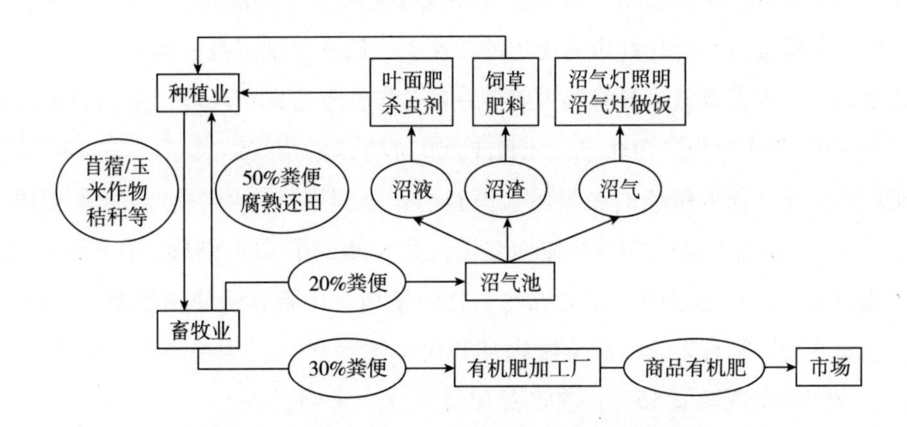

图8.3　新峰奶牛养殖专业合作社低碳循环养殖模式

目前，合作社目前奶牛存栏数2152头，按每日每头奶牛平均产生粪便30千克计算，每日产生粪便共计64560千克，合64.56吨，如此大规模的牛粪需要综合配套管理才能产生良好的经济和生态效益。合作社奶牛粪便处理有三种途径：一是50%的固体牛粪经发酵腐熟后还田，这种处理方式投入成本最低，有利于最大限度地增加土壤肥力，并减少温室气体排放；二是30%的牛粪制成商品有机肥，用于销售，逐渐形成小有名气的品牌；三是20%的牛粪入沼气池制成沼气，成为合作社日常用电、厨房用气的重要支持，降低煤炭能源消耗，大大减少温室气体碳排放，而且降低了合作社运营成本，剩余的沼液是饲草和有机蔬菜生长所需的叶面肥，沼液不仅能提升饲草和有机蔬菜产量和质量，也具有极好的杀虫作用，有效地减少了农药的使用，沼渣做肥料还田，也增加了土壤肥力、减少污染。

8.2.3.3　合作社绩效

经济效益：促进当地主导产业的形成，大大增加农民收入。仁风镇相当一部分村民都有奶牛养殖的经历和经验，由于缺乏有效组织，村民只能自产自销、分散式经营，更没有所谓的规模化和标准化，收益非常低。新峰奶牛合作社的成立打破了这种局面，带动当地奶业升级式发展，有效促进了农村剩余劳动力的转移，入社人员的年人均纯收入过万元，成为了当地农民增收的典范。社会效益：社员素质大大提高，扶贫效果凸显。社员通过参与合作社的建设和管理，在分工协作、组织管理、市场营销、对外交往以及民主决策等方面得到了锻炼与提升，社员综合素质提升。合作社也为周边的残疾人、妇女提供了就业岗位，贫困户脱贫效果显著。生态效益：新峰奶牛养殖专业合作社本着保护环境，生态养殖的原则，于2012年先后投资700多万元建成600立方米的沼气站及年产5000吨的有机肥厂各一座，使养殖场的粪便污水得到了充分利用，每年平均生产沼气10.8万立方米①，相当于提供77.11吨标准煤，大大减少了CO_2排放。有机肥还田、沼液沼渣还田有效地减少了化肥农药不合理使用，化肥农药使用率降低60%以上；畜禽粪便、秸秆等农业废弃物循环利用率达到90%；生产成本下降了20%以上，农产品实现增值15%；农产品质量安全水平明显提升，农产品优质品率达90%，既保护了环境又创造了效益。

借鉴王革华等研究成果，沼气燃烧的CO_2排放量计算公式为：

$$C_z = Z \times R_z \times \theta_z \times 44/12 = 11.725Z \qquad (8-1)$$

其中，C_z为燃烧沼气的CO_2排放量，单位为吨；Z为沼气消耗量，单位为万立方米；R_z表示沼气燃烧热值，为0.209万亿焦/万立方米；θ_z表示碳排放系数，为15.3吨/万亿焦。这里假设合作社的沼气的消耗量等于生产量。

煤炭燃烧的CO_2排放量计算公式为：

$$C_m = M \times R_m \times \theta_m \times 80\% \times 44/12 = 1.487M \qquad (8-2)$$

其中，C_m为煤的CO_2排放量，单位为吨；M为煤炭的消耗量，单位为吨；R_m表示煤燃烧热值，为0.0209万亿焦/吨；θ_m表示煤燃烧的碳排放系数，为24.26吨/万亿焦，80%为碳氧化率。

---

① 根据沼气密度为1.22千克/立方米，可计算沼气质量为$1.22 \times 10.8 \times 10^4 = 131760$千克$=131.76$吨；沼气燃烧温室气体排放因子分别为$CO_2$748克/千克，$CH_4$0.023克/千克，沼气质量乘上温室气体排放因子就得到沼气排放$CO_2$98.56吨，$CH_4$0.023克/千克按沼气的折标煤系数0.714千克煤当量/立方米，煤炭折标煤系数0.714千克/千克，依次换算成标煤当量为77.11吨、替代煤炭量为10^8吨。

沼气消费带来的碳减排效应就等于沼气替代煤炭的燃烧排放量与沼气燃烧排放量之差。即 $1.487\times108-11.725\times10.8=33.97$ 吨。

合作社青贮玉米种植面积约为3800亩，原来每亩投入化肥40千克，增施有机肥及测土配方施肥后，每亩减少化肥投入28千克，原来每亩投入农药0.8千克，喷洒沼液后，每亩减少农药用量0.48千克，根据前文的化肥、农药碳排系数，可计算相应的碳减排量。即 $3800\times28\times0.8956/1000+3800\times0.48\times4.9341/1000=104.29$ 吨。则新峰合作社碳减排总量为 $33.97+104.29=138.26$ 吨。

8.2.3.4 合作社低碳循环养殖成功经验与不足

合作社低碳循环养殖成功经验：一是各级政府持续、广泛的资金支持。合作社成立初始，昌吉州人民政府通过“三通一平”给予合作社50万元的补助，2011年合作社获得了国家级的标准化养殖场区的示范扶持资金50万元，2012年合作社得到昌吉州农业综合开发项目——秸秆养畜项目扶持资金120万元，2013年合作社得到了优质苜蓿种植补助项目180万元，2014年合作社通过政府项目资金购置监控设配一套，解决了困扰合作社参观防疫的难题。二是合作社“联社”组织建设有力。①成立饲草种植合作社。“兵马未动粮草先行”，青贮、苜蓿、玉米秸秆是奶牛养殖必备的饲草。为充分利用周边邻村饲草资源以解决合作社饲草储备问题，该奶牛养殖专业合作社成立了饲草种植合作社，不仅保证了合作社自身的饲草需求，也为周边农民采购、运输优质饲草提供了平台。利用东街村土层结构改良土壤，发展优质饲草料基地，保护了当地生态资源，也为周边百姓增收拓宽了渠道。②成立劳务派遣合作社。奶牛、肉牛通过合作社实现托管托养，农民土地入股合作社，致使出现大量闲散农牧民。通过成立劳务派遣合作社，将闲散农民组织在一起，实行统一培训、统一管理，农民掌握了增产增收技能，成长为农村实用新型人才。三是合作社自身发展能力建设。①决策层的事必恭亲。新峰奶牛养殖专业合作社的稳步发展离不开社长的事必恭亲。无论再忙每天巡圈是他必做的一件事，这就是他说的做到心中有数。②责任层层落实制。通过签订目标责任书，把责任落到实处，做到有章可循、有据可依。③有效的奖惩激励机制。通过绩效考核，合作社评优选优。由合作社出资，将优秀社员送去内地参观旅游学习，充分调动了社员工作的积极性。

新峰奶牛养殖专业合作社通过政府的支持解决了资金需求问题，通过联社合作，提升了农户组织化程度，改善了合作社运营绩效，低碳循环养殖模式增加了当地生态效益。但是在碳减排市场收益取得方面还存在一定的不足：该合作社因规模、渠道等因素没能参与 CDM 项目，未能利用碳交易市场机制获取碳减排收益。原因有两方面：一是缺乏相关专业人员，合作社的社长及主要管理人员对碳排放市场的作用知之甚少。笔者在调研访谈中问及是否了解碳排放权交易，社长表示没听过，不知道如何申请、注册 CDM 项目。同时，本身合作社奶牛肉牛养殖数量属于中等养殖规模，与大规模的养殖企业相比，其经济效益和生态效益有限。二是新疆范围内还没有碳排放权交易所，缺乏正规的碳排放交易市场，更缺乏能够对农业部门碳排放量进行独立核算和认证的第三方机构，参与 CDM 项目的很多条件都不具备。因此，在我国范围内的实践活动中，以合作社为参与主体，谋求通过农业生产活动实现碳减排市场收益的目标还有很长一段路要走。

8.3 国内外碳减排经验启示

通过上文国内外碳减排经验介绍，可得到以下几个方面的启示：

一是重视碳减排的法律体系建设。我国目前还没有一部专门的系统的针对碳减排目标完成的法律。《森林法》《草原法》对增加生态碳汇功能做出了规定，《可再生能源法》规范可再生能源的开发与利用等。现有的法律对碳减排或碳增汇的规定多是原则性的、框架性的，零散不集中，且缺少细则规定。很多法律条文流于形式，由于没有跟碳减排目标紧密相连，无法有效地发挥应有的约束力。

二是重视碳排放交易市场机制建设，发挥市场在可再生能源开发、环境保护方面的激励作用。欧盟碳减排能够取得较好的成绩，很大原因在于其 ETS 有效地降低了能源密集型企业的减排成本①。欧盟碳配额分配经历了由初始的依据估计到依据核查报告的过程，随之发生的是碳市场价格由高到低的大跳水变动，后期趋于相对稳定。这充分表明准确的公开透明的数据信息和高效的数据交换工具有

① 据欧盟相关机关测算，ETS 完成 8% 的减排目标每年花费为 29 亿 ~ 37 亿欧元，占比不足欧盟一年 GDP 的 1/1000；但是没有 ETS 这一机制下的花费将高达 68 亿欧元。

利于碳市场运行平衡。浙江临安林业碳汇市场交易体系的建设为促进林农营林增收提供了组织平台，创立了农户生态服务市场价值实现的新模式。目前，无论全国还是新疆，碳排放交易市场建设刚刚起步①，需要在碳排放交易或碳汇交易涉及的各维度做好制度供给，建立健全相关法律政策的制定，规范碳排或碳汇交易行为。

三是加强与发达国家进行CDM项目合作，培育能从事CDM项目开发的专业人才和机构。目前我国参与国际碳市场的途径只有CDM，因此要加强与发达国家的沟通与交流，特别是在节能和提高能效、新能源和可再生能源、造林和再造林等方面，学习发达国家先进的技术开发和运用经验。同时，由于CDM项目从PDD准备、认证、注册到签发需要较长的时间，每个环节都需要专业人才和有相关资质的第三方机构参与，因要培养一支专业的CDM人才队伍，发展资质过硬的DOE机构，确保PDD编制质量，跟进学习并掌握EB的方法学，提高CDM项目每个环节的成功概率。

四是积极将节水节肥项目、农村沼气工程、造林和再造林工程开发设计成CDM项目，拓宽脱贫扶贫和农民增收渠道。农田节水节肥、造林和畜禽粪便沼气工程的碳减排潜力是比较大的，而且开发成本比工业类项目要低。但从现有统计数据看，CDM项目中农业领域占比非常有限。据中国清洁机制网数据统计，截止到2017年8月底，中国已批准的CDM项目中CH_4回收利用类型有476个，获得签发的有100个；造林和再造林获批准的有5个，得以签发的只有2个，新疆维吾尔自治区获批的CH_4回收利用CDM项目有5个，涵盖畜禽沼气、垃圾堆肥、垃圾填埋气电、瓦斯综合利用等领域。新疆是农牧大省，也是全国脱贫扶贫的重点区域，应该将脱贫扶贫与农业CDM项目开发有机结合起来，实现农地资源化利用、农业生产环境保护和农民增收多赢目标。

五是提高农户组织化程度。无论是CDM项目开发还是循环养殖模式构建，都需要农户组织化，形成稳定的契约关系，使农户的生产行为受低碳目标导向的约束。与散户相比，入社农户在政府政策资金扶持和技术推广方面占有明显的组

① 我国于2017年正式启动全国碳排放交易体系，碳市场第一阶段计划涵盖化工、建材、钢铁等8个行业。确立了北京、上海等7个碳排放试点省市和四川、福建2个非试点省份碳排放市场交易。2017年8月，吐鲁番市设立了新疆碳排放权交易中心，正式启动碳排放权交易平台建设。

织优势，风险承担能力也显著增强，增收趋于稳定。

六是实施碳排放的源头控制。比如编制针对不同农作物的科学使用化肥手册，对化肥和有机肥配施的数量、施撒时间以及施撒方式作出具体指导，达到降低农田氮排放浓度的目的。加强对养殖户畜禽粪便无害化处理技术培训和指导，提升农户或牧民对畜禽粪便的综合管理水平。通过土地流转等措施实现规模化经营，促进种养结合，畜禽粪便资源化利用，低碳循环养殖产业发展。

七是探索发展非政府技术推广服务模式。英国建立了以非政府形式为主导的农技推广体系，充分发挥了农民协会、商业技术公司等第三方组织的作用。考虑到新疆各地州市气候等自然条件和技术进步条件各异，鼓励成立农技咨询培训公司，形成专门的低碳作业技术体系，提高低碳生产技术服务供给，以政府和农户购买服务的方式，提升技术推广服务的质量。

8.4 本章小结

本章主要总结国内外碳减排成功经验及其启示，国外方面：第一，梳理《京都议定书》中 CDM、JI、ET 三种碳减排灵活机制；第二，重点介绍欧盟碳减排的相关行动，即建立碳排放交易机制、实施碳税和欧盟共同农业政策；第三，介绍英国气候治理立法和农地碳减排方面的政策措施。国内方面：第一，列举分析美国国际集团（AIG）与四川合作的户用沼气和测土配方施肥碳减排 CDM 项目和浙江临安林农营林出售碳汇增收案例；第二，对新疆昌吉新峰奶牛养殖专业合作社低碳循环养殖模式案例进行分析，总结合作社循环养殖方面的成功经验以及不足；第三，从碳减排立法、碳交易市场机制建设、农业 CDM 项目开发、农户组织化等七个方面总结政策启示。

本章内容为第 9 章农地碳减排总体思路：“9.1.2　提升农户组织化程度，促进规模化经营”和“9.1.4　政府主导与市场激励共建”和总原则“9.2.2　减排成本被消化”“9.2.4　减排增汇双驱动”以及制度设计 9.3.1、9.3.3、9.3.4、9.3.5、9.3.6 的提出做了实证铺垫。

第 9 章　新疆农地碳减排对策建议

第 4 章、第 5 章、第 6 章从不同角度总结了农地碳排背后的问题，第 7 章以低碳生产技术—减施化肥增施有机肥为例，测算了新疆及 14 个地州市棉花、小麦和玉米种植管理中的碳减排潜力，在借鉴国内外节能减排成功经验的基础上，提出了促进新疆农地碳减排的对策建议。

9.1　农地碳减排的整体思路

借鉴已有研究成果并结合前文一系列数据实证分析，本书提出了新疆农地碳减排的整体思路，即效率提升为先导、结构调整为手段；提升农户组织化程度，促进规模化经营；实现地区差异化减排增汇；政府主导与市场激励共建。

9.1.1　效率提升为先导，结构调整为手段

平衡经济发展与环境污染是人类生存面临的永恒问题。实现农地碳减排也要正确处理好农业经济增长与碳排放的关系。农地碳减排不是意味着回到传统的耕作方式，无论采取何种低碳生产技术，农地碳减排要以效率提升为先导，以结构调整为手段，即依靠科技进步发展可再生能源，降低资源消耗，提升农地废弃物综合利用效果，提高农地生产效率，结合地区比较优势，优化农业产业结构、种植结构，建立低碳农业结构。

9.1.2　提升农户组织化程度，促进规模化经营

农户组织化是推动农地碳减排重要的微观基础，提升农户组织化程度，有利

于拓宽农户对接市场的渠道，有利于增强抵御农业经营风险能力，有利于降低碳减排技术采纳的门槛、节约交易费用，有利于参与国际化的碳减排补偿项目，有利于发挥农地碳减排的规模效应。农户组织化的提高可以通过多种形式实现：成立农民专业合作组织、合作社联社、农业经济协会、农业企业等。

9.1.3 实施地区差异化减排增汇

新疆 14 个地州市的经济发展水平不均衡，农地结构、农作物种植结构、养殖结构差异显著，导致各地州市的碳排、碳汇水平、碳排强度、碳排结构以及碳减排潜力差异显著，因此，需要结合各地州市的自然资源禀赋条件、经济发展阶段、农业产业结构特点等探索不同的减排增汇模式或路径，避免“一刀切”现象。充分考虑地州市的未来经济发展目标和现有技术基础条件，实行碳排总量控制，公平合理地分配碳减排任务。

9.1.4 政府主导与市场激励共建

为应对气候变暖，自上而下推动农业低碳发展，实现农地碳减排，离不开政府的主导力量。政府需要在农业政策和环保政策制定、产业发展方案、环保方案落实以及监督检查环节发挥应有的作用。同时，农地碳减排具有典型的负外部性特征，如果经营主体在农业生产活动中因采纳低碳生产技术而减少碳排放便具有正外部效应。而要激发经营主体自觉、大规模地采纳低碳生产技术的内在动力，就需要发挥市场机制，满足其低碳生产、消费市场的利益预期。一方面，通过发挥市场机制保证低碳农产品的优质价格，引导全民低碳消费意识，以低碳消费需求刺激农户低碳生产的愿望；另一方面，发展碳排碳汇交易市场，使其获得额外的减排收益。

9.2 农地碳减排的总原则

农地碳减排应遵循兼顾公平与效率、减排成本被消化、减排技术易推广和减排增汇双驱动四个主要原则。

9.2.1　公平与效率兼顾

公平是法律制度永恒的价值追求，是法律得以制定和实施的根基。环境公平就是在资源的开发、利用和保护等方面所有主体一律平等。享有同等权利，承担同等义务。公平可以体现为当代公平、代际公平和区域平衡。效率通常是投入与产出的比值，体现为一定的经济发展模式下各类资源的配置和利用的状态与质量。在经济发展水平较低、生态平衡状况较好的情形下，效率是一种“经济效率”，即追求资本和劳动的效率；而在生态环境资源相对资本、劳动力稀缺的当代，经济增长需要从关注资本、劳动生产率转移到关注资源和环境的生态效率上来。农地碳减排是一个缓慢而漫长的过程，14 个地州市在分担碳减排任务方面，需要坚持公平与效率兼顾原则，制定公平有效的减排分配方案。公平意味着碳排放较多的地州市要相应承担较多的碳减排任务，效率意味着各地州市的农地生产行为不仅要考虑经济成本，也要考虑生态成本。

9.2.2　减排成本被消化

减排成本高低是决定经营主体减排意愿的重要影响因素。减排成本过高，即使经营主体主观上愿意，但实践中难以付出相应的行动。减排成本既包括经营者主体因采纳低碳生产技术而发生的直接成本，也包括从事低碳农业的机会成本。经营主体是否愿意采纳低碳生产技术关键取决于其综合成本能否被消化、带来预期经济效益。一方面，消费者能够接受低碳种养产出农牧产品的高价格，使经营主体获得低碳技术投入带来的可观经济收益；另一方面，政府提供激励性补贴，降低经营主体采纳低碳生产技术的成本。

9.2.3　减排技术易推广

农地碳减排的成功实施有赖于低碳生产技术的可行性和易推广性。无论是减施化肥增施有机肥，还是使用生物农药、可降解农膜，无论是生态养殖还是林草管护，对应的具体技术要能适应现代化的机械化、规模化农业生产作业特征，应该是劳动力节约型的技术。

9.2.4 减排增汇双驱动

减少碳排放、延缓气候变暖的两个基本方向就是减排的增汇。一方面通过开发利用清洁能源替代化石能源，减少化学性生产要素投入，增加生物肥药等绿色生产要素的投入，从而直接减少碳排放；另一方面则是通过增加林草覆盖面积，综合运用各种营林技术以增加森林蓄积量，加强草原虫害、鼠害防治，提高草原生态存量，充分发挥林草生态系统的固碳功能。

9.3 农地碳减排的制度设计

创新制度供给是解决农地碳减排面临现实问题的着力点。新制度供给需要为农地碳减排构建合理的利益机制，通过这一机制协调不同经营主体、不同区域之间的利益分配格局，满足其利益预期，激发实施碳减排的内生动力。新制度供给主要需要从碳排环境规制、碳财政、碳税、碳金融、土地经营、碳减排技术等方面进行，为促进农地碳减排构建完善系统的政策框架。

9.3.1 完善农地碳减排的财税制度

9.3.1.1 不断完善有利于农地碳减排的财政补贴制度

财政支持农地碳减排的政策可以是国家直接投资，也可以是政府支持低碳项目，最常见的方式还是财政补助。以市场需求为导向，创新财政支农模式，加大省、市、县三级财政补贴投入，各级财政部门应每年安排一定规模的农地碳减排或碳汇专项资金，用于碳减排技术的研发、推广以及碳汇生产基地建设，比如向有机肥、生物菌肥、生物农药等低碳型生产要素生产企业、发展林草碳汇的农户或新型农业经营主体提供补贴。以推广有机肥为例，各级政府一方面对商品有机肥的生产、使用实行补贴政策，充分利用畜牧业生产大省、有机肥料资源丰富的优势，引导建设一批大型商品有机肥料企业，并对生产企业给予一定的补贴，使其能够向农户提供物美价廉的商品有机肥料，以期逐步恢复提高土壤的有机碳含量；同时参照种粮补贴办法，对增施有机肥的农业经营主体给予补贴，引导鼓励农户对现有中低产田增施有机肥，提高农作物品质。另一方面对农户种植绿肥给予补助。通过对绿肥种子、根瘤菌剂和种植等环节补贴，激励农户积极提高土壤有机质含量，从而改善耕园地的固碳、产出水平。

9.3.1.2　不断完善有利于农地碳减排的税收制度

税收制度与财政制度联系紧密。两者有相同的理论基础，即外部性、公共物品、宏观调控等理论对两项制度均有解释力。税收是财政收入的重要来源，但是两者目的不同：税收主要解决负外部性问题，而财政主要为正外部性问题提供资金支持。基于“谁排放、谁付费”的公平思路，在条件成熟的情况下，建议开征碳税，发挥碳税的约束效应。广义的碳税就是针对经济主体的温室气体排放活动而征收的一种税（张芃、段茂盛，2015），本质是通过增加生产成本约束经济主体经营行为的税收手段，目的是促使经济主体通过技术创新或其他措施来减少碳排放。狭义的碳税是对化石燃料依据其含碳量而征收的消费税。目前，芬兰、瑞典、荷兰、意大利以及加拿大魁北克省等国家、地区已经实施碳税。英国自2001年开始征收气候变化税。无论是气候变化税还是生态税，本质上使化石燃料对气候环境的危害治理成本内部化。在借鉴其成功经验的基础上，探索适合我国国情的碳税制度，合理确定征税对象、征收范围、税率以及减免税等优惠政策。

9.3.2　完善支持农地碳减排的土地承包及经营制度

落实集体所有权、稳定农户承包权、放活土地经营权是当前农村土地制度改革的重要方向。前文提出“提高农户组织化程度，促使农地碳减排产生规模效应”，其中一个重要的前提条件就是农地的承包权和经营权能顺利实施，农地流转无障碍。农地产权清晰、流转合法有序，才能为新型经营主体的培育奠定基础，实现规模化经营。因此，要进一步完善农村土地承包、流转的法律法规及相关政策。具体而言，首先，要做好土地所有权及经营权的确权工作。在集体土地所有权确权方面，通过当事人自行协商或行政仲裁等方式积极解决农村村组合并引发的权属争议和土地权属纠纷。农地承包经营权要确权到户，从土地实测确认到编制承包经营权证登记簿、颁证公示、完善承包合同和承包登记清册等档案等一系列工作要清晰、合规，确保农户承包经营权得到有效的法律保护。其次，尽快完善农地承包经营权流转相关法律政策，明确流转主体、流转方式、流转合同签订等内容并作出明晰规定。现阶段，新疆土地流转逐渐活跃，但与内地相比，流转规模整体较小、区域发展不均衡①。原因之一是南疆农村少数民族人口数量多，受传统思想、生活习惯及语言不通影响，外出务工积极性不高，劳动力转移困难，土地流转规模偏小。再次，加强农地“三权分置”政策宣传，特别是在南疆各地州市要强化政策宣传。让农民对“三权分置”有全面、正确的认知，明白农地流转的好处。最后，提升农地承包经营权流转的管理与配套服务水平，建立自上而下统一的农地流转交易平台，规范农地交易活动，促进农地有序流转，减少利益纷争。不断完善与农地确权、流转相配套的土地测评、法律咨询、中介代理和信息共享等专业服务。同时加强农地的综合监管，有效防范风险。

9.3.3 构建农地碳减排的技术创新和推广机制

9.3.3.1 形成多元化的低碳技术研发投入机制

农地碳减排离不开低碳生产技术创新，而技术创新则需要持续性的资金投入，仅靠企业加大投入力度是远远不够的。低碳生产技术本身具有较强的外部性特征和显著的公益性特征。因此，低碳生产技术的研发，要形成各级财政投入占主导，兼有社会资本、企业、金融机构等多元投资主体的科研投入机制。

在研发对象和内容上，加强有关气候变暖的基础性研究。农业能源消耗方面，注重开发、应用，充分发挥新疆自然禀赋的清洁能源技术，如风能和太阳能等。化肥、农药施用方面，通过一系列税收优惠政策或高新技术补贴政策等鼓励企业研发环保且高效稳定的生物菌肥、生物农药，降低企业研发、运营成本。畜禽养殖方面，需要从饲料配方和粪便处理两方面着手，一是改良饲料结构，因为反刍动物产生的 CH_4 气体占大气汇总量比例的1/5，而这些高碳、高有机质的物质正是来源于饲料，吃的不合理才是造成如此巨大污染的本源。无论是从环保角

---

① 据新疆维吾尔自治区农经局统计数据显示，2015年，新疆土地流转规模为17.79%，远低于全国平均水平。家庭承包耕地流转总面积为378.07千公顷，其中通过转包、转让、互换、出租和股份合作五种方式分别流转的土地面积为240.27千公顷、6.37千公顷、35.41千公顷、68.62千公顷和22.03千公顷。从流转去向看，分别流转给农户、合作社和企业的土地面积为278.34千公顷、65.90千公顷和13.51千公顷。从区域看，北疆流转土地面积为354.36千公顷，南疆流转土地面积只有23.71千公顷。

度出发，还是基于人类健康考虑，改良饲料结构迫在眉睫。研究表明，猪、鸡饲料中蛋白质含量每降低1%，养殖场中的氨气释放量就会降低10%～20%。可以通过键入蛋白酶等消化酶制剂和丙酸、柠檬酸乳酸等有机酸制剂，提高蛋白质利用率，同时有效减少温室气体的排放。均衡搭配，合理喂养，优化饲料中的各种氨基酸配比，有利于动物对蛋白质的吸收，可以达到直接减排的目的。二是探索粪便资源化利用技术和低成本无害化处理技术。畜禽粪便在沼气池中经微生物发酵后可以产生沼气，沼气是一种可燃烧的清洁能源，可避免CH_4、H_2S、CO等气体向环境中直接排放。在新疆要重点攻克因冬季长气温低而造成的沼气工程季节性产气不足的技术难题。

9.3.3.2 加强农地碳减排技术的培训与推广

经营主体对低碳生产技术的认知是其发生采纳行为的起点。生产实践中，大部分经营主体低碳生产技术采纳率偏低的原因之一是对哪些属于“高碳技术”、哪些属于“低碳技术”缺乏清晰、科学的认知与区分。因此，需要对不同的经营主体进行专门的农地碳减排技术培训，结合农作物的种植种类、生产作业环节，培训、推广相适宜的减排增产技术。现阶段，政府农技推广部门也面临着农技推广人员老龄化趋势上升、知识结构陈旧、技术服务能力不足等问题，很重要的原因是辛苦的农技推广工作性质和激励政策缺失，农技推广工作越来越行政化，很多农技推广活动与维稳、扶贫相关联。在应对气候变暖、大力发展绿色农业、低碳农业的大背景下，要有效实现农地减排增产双重任务，需要采取以下几项具体措施：一是各级农技推广单位或机构中要成立专门的“固碳增汇技术”小组，将农地低碳化利用的理念、内容和减排增汇的重要意义作为推广的重要内容，加强经营主体对低碳生产的意识。小组成员可以通过向高等院校的农作物专业、土壤学专业或社会上有相关经验的农业技术人员招聘实现，确保碳减排技术小组人员年轻富有工作热情、具备科学的减排知识素养，对棉花、小麦、玉米、各种林果等农作物的产前、产中和产后不同环节的减排技术有丰富的知识积累和技术经验。二是各级农技推广机构要上下联动，加强沟通，形成一套固碳增汇增产的技术集成体系，有计划、有步骤、多批次地组织减排增汇增产技术培训。通过农技夜校理论培训、田间地头具体技术操作指导等方式，提高经营主体对相关技术的掌握运用能力。三是农技推广要去行政化。在成立一支稳定的有专业减排增汇增产技术的农技推广人员队伍的同时，深化农技推广体制改革，提高农技推广服务的专业化、精准性和主动性，改善农技推广服务质量。四是加强农技推广政策激励。在保障农技人员基本工资收入的基础上，实施绩效奖励，绩效收入与农技推广服务质量挂钩，从而激发农技工作者转变工作方式，将落实中央政策精神与满足农户具体技术需要结合起来。

9.3.4 创新能够提高农户组织化程度的农业生产经营体制

农户家庭式分散经营、组织化程度偏低是制约农户市场竞争力低下的重要因素。在大力发展低碳经济的时代背景下，农户要想提高市场竞争力，特别是在生态农业、低碳循环农业领域占有一席之地，就必须实现组织化。农户组织化是农地高效实现规模化碳减排的重要微观基础。农户组织化建设的最终目的也是合理利用农地资源、有效降低交易成本，增加农户收益。农户组织化程度的提高可以通过以下途径实现：一是加大政策宣传力度，提高农民对合作社的认识，鼓励农户成立更多的专业合作社。农户参与程度低，部分原因是对合作社成立的政策意义和积极作用不理解、有认知偏差。特别是南疆地区的农户，经济发展比较落后，信息相对闭塞，对怎样组织成立合作社、怎样合作经营缺乏基本的认知和动力。因此，需要政府相关部门组织专门化培训和政策宣讲以及组织示范社参观等活动，使发展靠后地区的基层领导干部和农户充分认识到合作社在技术传递、信息分享、规模经营、资源整合和节本增收方面的积极作用。二是结合乡村振兴战略，积极培育农户可以信任、依赖的“合作者带头人”。部分合作社经营管理绩效低下，很重要的原因是合作社第一负责人的经营能力和专业素养低下。为此，党委和政府相关部门要对这些有组织领导意愿，但是能力稍欠缺的农村“能人”“大户”进行专业化经营管理能力的培训，提高他们的思维决策能力、资源整合能力以及市场营销等能力，充分调动其为广大农户服务的积极性，还要开展合作社财会人员和专业人才培训，确保合作社持续健康发展。三是以市场需求和专业化为导向，持续推进先进示范社建设，发挥示范效应。随着收入水平的提高，人们对食品安全和环境美好的需求越来越强，无论种植类合作社还是养殖类合作社都要顺应这个市场需求，也要顺应碳减排的气候适应性要求。通过加大对示范社的财政扶持奖补力度，鼓励支持示范社承担国家重点农业项目，提高其信贷额度，扩大其带动致富影响力。四是不断完善农村社会保障制度。土地是农户赖以生存的基本物质资料，在推进土地规模化经营过程中，必然有一部分农户要将土地流转出去。失地农户后期生存有赖于农村社会保障制度的完善。

9.3.5 积极完善碳排放权交易市场机制

碳排放权交易是利用市场机制实现碳减排的一种机制，也是实现碳排权优化配置的重要途径。清洁发展机制（CDM）、碳排放权交易和联合履约是《京都议定书》中设计的三种履约机制。碳排放权交易有配额交易和项目交易两类。目前，国内碳排放权交易市场上的参与主体多为工业类企业，农业类企业较少。实际上，农业碳减排项目成为CDM的风险相对较低。一是其初始成本低于工业项目、融资渠道会更广。二是农业类项目不仅可以实现减排，还可以满足碳汇增长需求，项目审批的门槛也低于工业项目。我国最大的畜禽养殖场沼气工程山东民和2万立方米沼气工程成功并网发电，成为我国在联合国CDM执行董事会注册的第一个特大型沼气工程CDM项目，年均收益可达630万元。

9.3.6 构建促进农地碳减排的碳金融机制

碳金融是泛指以着力服务于以减少温室气体排放为目的的各种金融制度安排和投融资活动，包括碳排放权等碳金融产品及其衍生品的交易、投融资、低碳项目开发的投融资和相关担保、抵押等金融中介活动。碳金融是发展低碳经济的重要支撑，本质是为以减少能耗、降低污染为目标的技术创新和制度创新活动提供金融资本，最终达到改善气候环境，实现低碳发展、绿色发展和可持续发展目的。为实现2030年的减排承诺，我国在联合国注册的CDM计划数量和年减排量不断增加，成为全球最具潜力的减排大国。但我国的碳金融市场建设也刚刚起步，涉足碳金融业务的银行等金融机构数量有限，且以为碳排放项目提供信贷为主。更多金融机构、企业对CDM项目的操作规程、交易模式等了解不深，碳金融体系构建以及配套机制建设与欧盟等国家存在较大差距。因此，为更好地促进农地碳减排，提出以下几点建议：第一，完善CDM项目结构，提升农业碳汇参与比例。

据相关学者统计[①]，截止到2016年8月，被发改委批准的CDM减排类型中，新能源和可再生能源项目数量最多，为3733个，占总体数量的73.57%，其次是节能和提高能效类（占比12.46%），与农地碳减排直接相关的造林和再造林项目仅有5个，占比0.1%，截止到2017年4月，已签发的CDM项目中，新能源和可再生能源项目、节能和提高能效类和造林和再造林项目数量分别为1256、120和2。造林碳汇项目主要在广西、四川、辽宁等地开展。相比于全国，新疆自然环境极其脆弱、森林覆盖率偏低，应该抓住实现碳减排的历史机遇，大力探索公益生态林碳汇项目建设，利用市场机制为生态碳汇拓宽资金渠道。第二，建立健全的碳金融风险管理体系，降低碳交易风险。由于目前我国碳交易市场发育还不健全，任何碳交易项目都会面临政策风险、信用风险和市场流动风险。作为金融机构，要建立较为完备的碳金融风险管理体系，能够对业务风险进行预警、识别和监控，特别是对碳交易项目运行风险的监控与管理，确保资金按时足额收回。第三，积极发展碳交易中介服务。CDM项目作为一种虚拟商品，交易规则严格、开发程序复杂，需要专业性机构完成。欧盟CDM项目的评估、碳排放权购买等工作一般通过具备资质的中介机构完成，而我国专业中介组织缺失也使我国在与国际投行、欧洲基金等碳购买方进行交易时备显经验缺乏。因此，国内商业银行可以主动发展碳交易中介服务，积极在与国际投行沟通合作，在国内碳汇供给方和国外购买方之间发挥桥梁作用。

9.3.7 建立健全农地碳减排的监督检查机制

为了保障农地减排增汇政策实施效果，应建立健全相应的监督检查机制。监督和检查机制要以农户和专业合作社组织自律为基础、地方政府监督检查为保障。农地减排增汇与工业减排大有不同：工业减排的强制性力度更深，通常一个地区的发改委、工信部和环保等部门会分工协作对工业企业的限产、停产进行督导，确保烟尘、粉尘、CO_2、氮氧化物等有害物质达到减排清单要求。农业是弱质产业，极易受天气和土壤环境影响，在化肥农药零增长方面，政府只能大力宣

① 孙清芳，马燕娥，刘强．基于CDM机制对我国林业碳汇项目发展的探析［J］．林业资源管理，2017（5）：125－128.

传、引导农民少用化肥、多用有机肥，多用生物农药，不可能强制对采用高碳生产技术的农户停产或对其进行罚款，而更大程度上需要农户自觉自发地采纳低碳生产技术，减少碳排放。而对于畜禽的规模化养殖户，则要采取较为严厉的环境监管，强化落实畜禽养殖主体责任，配备符合标准要求的治污设施，能及时收集、清运粪污和病死畜禽，确保养殖废弃物得到资源化处理。对于以畜禽粪便、秸秆和生活有机废物为原料的沼气工程实施安全监管，从沼气工程的设计、施工到监理，必须由具备资质的单位承担，并向省农业厅备案。为促进林业更好发挥应对气候变化工作，要加强林业碳汇计量和检测管理工作，相关单位要建立与碳汇造林项目相匹配的可测量、可报告和可核查的碳汇计量、检测技术体系，配备专业技术人员队伍和技术装备，逐渐积累承担绿色碳基金造林项目的经验等。

第10章　研究基本结论与研究不足及展望

全球气候变暖已成为公认的事实，为应对气候变暖，减少碳排放，各国及地方政府纷纷出台相应的政策和措施。在此大背景下，本书在论述选题背景、意义、构建分析框架的基础上，运用系数法对2000～2016年新疆农地碳排量、碳汇量和净碳排进行测度，甄别新疆农地究竟发挥碳源还是碳汇功能。进一步运用LMDI方法对农地碳排影响因素进行分解，剖析农地碳排增长的原因。研究农户低碳生产技术采纳行为影响因素及障碍因子；并对低碳生产技术采纳条件下新疆农地碳减排潜力进行测算，总结国内外减排经验与启示，最终提出对策建议。本章是全文的终结，一是对前9章进行系统总结，提炼核心观点；二是结合研究过程，如实指出研究不足之处，并展望下一步的研究方向。

10.1　研究基本结论

本书研究基本结论如下：

第一，2000～2016年，新疆农地碳排量和碳汇量都呈现不断增长态势，但是碳排量远超过碳汇量，表现为净碳排。八类碳源中，居前三位的依次是畜禽养殖活动、化肥和农膜。各地州市相比，仅有阿勒泰地区和哈密市是农地净碳汇区，其他地州市均是农地净碳排区。尽管新疆退耕还林还草等生态工程建设和特色林果业发展取得了一定成效，农地碳汇量不断增长，但草地退化较为严重，建设用地速增挤占大量农地。同时，耕地、园地规模扩大带来的化肥、农药、农膜、农用柴油等化学性生产要素大量投入以及畜禽养殖粪便无害化处理不当，由此导致农地碳排量超过农地碳汇量。

第二，农业经济增长和农业劳动力规模扩大是新疆农地碳排增长的促进因素，研究期间分别贡献了522.21万吨和276.88万吨的累计碳增量；农业生产效率提升和农业产业结构调整是新疆农地碳排增长的抑制因素，分别贡献了480.61万吨和7.51万吨的累计碳减排量。新疆农地碳排与农业经济增长的关系是以弱脱钩为主，伴有扩张连接、强负脱钩，这意味着新疆农业经济尚未摆脱高投入、高能耗、高排放的粗放式增长模式。

第三，新疆农户低碳生产技术采纳程度偏低，农地生产活动中，主要面临化肥、农药减量化难、农膜回收难、清洁养殖技术推广难等主要问题。对农户减施化肥增施有机肥的低碳生产技术采纳概率产生显著影响的因素有农户年龄、政策了解程度、风险偏好、非农收入占比、畜禽养殖数量、是否为合作社成员、技术培训次数、有机肥价格感知度、易获得性、土壤有机质状况。农户低碳生产技术采纳程度偏低的困境原因在于：农户利益预期得不到满足（具体表现为绿色补贴收益不足、低碳生产技术采纳成本过高、市场超额收益得不到满足）、农户组织化程度低下、低碳技术推广难、农地碳减排制度不完备（具体表现为环境规制缺失、农业补贴制度不完善及其他）。

第四，以减施化肥增施有机肥的低碳生产技术为例，对新疆三大农作物棉花、玉米和小麦的碳减排潜力进行测算。结果表明单位种植面积碳减排潜力大小排序为棉花>玉米>小麦；2013~2016年，新疆棉花、玉米和小麦三大主要农作物在科学施肥情境下的累计碳减排量分别为161.04万吨、28.86万吨、0.035万吨，合计189.93万吨。各地州市相比，化肥施用碳减排潜力位列前三的是塔城地区、昌吉州和喀什地区。

第五，发达国家在节能减排方面的成功经验在于形成了较为完善的碳排放权交易市场机制、实施碳税政策和共同农业政策、重视专门的碳减排法律体系建设、鼓励低碳技术创新等。国内碳减排成功经验在于，要积极争取与发达国家进行CDM项目合作，吸收先进减排技术，降低碳减排成本；大力发展林业碳汇交易项目，实现农户增收和碳汇增加双赢；成立农民专业合作社，争取政府资金支持，建立低碳循环养殖模式，充分发挥合作社在低碳生产技术采纳方面的组织化优势。

10.2 研究不足及展望

本书虽然整体上建立了较为系统、严谨的研究逻辑，但受到个人科研水平、可得数据资料及可行研究方法的限制，书中依然存在一些不足之处，需要进一步探讨和完善，明确下一步的研究方向。

第一，本书对新疆农地碳排、碳汇的测算，主要通过结合各类农地面积、化肥、农药、农膜等物资投入量及对应的碳排或碳汇系数进行计算，而碳排或碳汇系数是依据现有 IPCC 和其他文献的研究成果；限于测量工具和测量技术的限制，无法以农地通量观测结果为基准参数，掩盖了不同地区（如北疆、南疆）、不同气候条件、不同农地利用强度对碳排放的影响差异，进而影响了农地碳排效应核算的精度。

未来研究方向之一：鉴于不同地区地貌、气候等差异，未来应加强本地化碳排放因子的确定研究，基于遥感技术等获得观测数据，提高农地碳排核算的精准度，提升研究结果的实践应用价值。

第二，本书基于畜禽养殖和化肥碳排比重偏大的事实，重点以减施化肥增施有机肥这一低碳生产技术为例，探讨了农户低碳生产技术采纳行为的影响因素，据此，提出了农地碳减排的建议。对于其他低碳生产技术如生物农药、农膜二次利用、畜禽生态养殖（沼气工程）等应用程度未做细致探讨。此外，只是调研了农户这一经营主体的低碳技术采纳行为，未对农业科研单位等在低碳技术研发、农技推广部门在低碳技术推广以及专业合作社等新型农业经营主体在低碳技术采纳方面进行系统研究。

未来研究方向之二：低碳生产技术从研发、推广到应用是一个系统过程，每个阶段应环环相扣。低碳生产技术研发企业或机构、农技推广部门以及合作社等作为不同的经济主体，其利益需求不同，精准识别低碳生产技术从研发到应用这一链条上各经济主体的利益诉求，并探索各经济主体利益协调机制，是值得研究的内容。

第三，农地结构调整显著影响农地碳排效应。新疆土地面积 6308.48 万公顷，其中，农地 41.46 万公顷、建设用地 123.98 万公顷、未利用地 10216.51 万公顷，土地利用率只有 38.64%。而且农地结构中，耕地、园地、林地、草地和其他农用地占比分别为 6.54%、0.58%、10.72%、81.02% 和 1.14%。如何调整农地结构，既满足人们的物质生活需求，又满足对美好生态环境的向往，是值得进一步关注的问题。本书未从农地结构优化方面给出在实践中有指导意义的政策建议。

未来研究方向之三：通过构建多目标函数模型或运用人群搜索算法求解农地结构优化问题，调整耕地、园地、林地、草地和其他农用地比例，实现最优减排增汇效用，达到经济效益和生态效益的“双赢”目标。

参考文献

［1］李波．我国农地资源利用的碳排放及减排政策研究［D］．武汉：华中农业大学，2011.

［2］张露，张俊飚，童庆蒙，郭晴．农业碳排放研究进展：基于 CiteSpace 的文献计量分析［J］．科技管理研究，2015，35（21）：219－223.

［3］郑晶．低碳经济视野下的农地利用研究（第 1 版）［M］．北京：中国林业出版社，2010：23－77.

［4］米松华．我国低碳农业现代化发展研究——基于碳足迹核算和适用性低碳技术应用的视角［M］．北京：中国农业出版社，2013：5－6.

［5］田云，张俊飚，李波．中国农业低碳竞争力区域差异与影响因素研究［J］．干旱区资源与环境，2013，27（6）：1－6.

［6］吴乐知．中国低碳农业经济现状与发展模式研究［M］．北京：中国农业出版社，2018：13－101.

［7］武良鹏，陈晔，徐海燕．效果—成本视角下中国各省份碳排放减排路径对比研究［J］．软科学，2018，32（12）：1－6.

［8］赵荣钦，黄爱民，秦明周，杨浩．中国农田生态系统碳增汇/减排技术研究进展［J］．河南大学学报（自然科学版），2004（1）：60－65.

［9］白朴．低碳农业发展对策探索与研究［M］．北京：中国农业科学技术出版社，2016：8－86.

［10］李晓燕．低碳农业发展研究——以四川为例［M］．北京：经济科学出版社，2010：12－187.

［11］李波．中国农业碳减排问题研究——以农地资源利用为例［M］．北京：人民出版社，2013：10－104.

［12］田云，张俊飚，李波．中国农业碳排放研究：测算、时空比较及脱钩效应［J］．资源科学，2012，34（10）：2097－2105.

［13］李俊杰．民族地区农地利用碳排放测算及影响因素研究［J］．中国人口·资源与环境，2012，22（9）：42－47.

［14］尹钰莹，郝晋珉，牛灵安，陈丽．河北省曲周县农田生态系统碳循环及碳效率研究［J］．资源科学，2016，38（5）：918－928.

［15］洪凯，朱子玉．珠三角农地利用中的碳排放时空特征及影响因素——基于1996—2014年数据［J］．湖南农业大学学报（社会科学版），2017，18（1）：70－76.

［16］龙云，任力．农地流转对碳排放的影响：基于田野的实证调查［J］．东南学术，2016（5）：140－147.

［17］许恒周，殷红春，郭玉燕．我国农地非农化对碳排放的影响及区域差异——基于省际面板数据的实证分析［J］．财经科学，2013（3）：75－82.

［18］田云，张俊飚，李波．湖北省农地利用碳排放时空特征与脱钩弹性研究［J］．长江流域资源与环境，2012，21（12）：1514－1519.

［19］宋卓玛，李东，谢丹．青海省不同土地利用方式碳汇效益分析［J］．青海环境，2016，26（4）：165－170.

［20］方精云，郭兆迪，朴世龙，陈安平．1981～2000年中国陆地植被碳汇的估算［J］．中国科学：地球科学，2007，37（6）：804.

［21］刘豪，高岚．国内外森林碳汇市场发展比较分析及启示［J］．生态经济（中文版），2012（11）：57－60.

［22］黄祖辉，米松华．农业碳足迹研究——以浙江省为例［J］．农业经济问题，2011（11）：40－47.

［23］韩召迎，孟亚利，徐娇，吴悠，周治国．区域农田生态系统碳足迹时空差异分析——以江苏省为案例［J］．农业环境科学学报，2012，31（5）：1034－1041.

［24］陈勇，李首成，税伟，康银红．基于EKC模型的西南地区农业生态系统碳足迹研究［J］．农业技术经济，2013（2）：120－128.

［25］卞晓峰．不同土地利用方式的碳排放和碳足迹研究［D］．兰州：西

北师范大学，2014.

［26］丛魏巍．东北平原地区退耕还林对土壤有机碳含量和组成影响的研究［D］．北京：中国农业大学，2014.

［27］武春桃．城镇化对中国农业碳排放的影响——省际数据的实证研究［J］．经济经纬，2015，32（1）：12－18.

［28］黎孔清，李烨，欧名豪．土地利用如何步入低碳时代［J］．中国土地，2015（4）：10－12.

［29］张苗，陈银蓉，程道平，甘臣林．土地利用结构和强度变化对碳排放影响分析［J］．资源开发与市场，2018，34（5）：624－628.

［30］董锋，余博林．土地城镇化视角下的碳排放及其减排机制［J］．管理现代化，2018，38（2）：88－91.

［31］牛叔文，丁永霞，李怡欣，罗光华，牛云翥．能源消耗、经济增长和碳排放之间的关联分析——基于亚太八国面板数据的实证研究［J］．中国软科学，2010（5）：12－19.

［32］吴振信，谢晓晶，王书平．经济增长、产业结构对碳排放的影响分析——基于中国的省际面板数据［J］．中国管理科学，2012，20（3）：161－166.

［33］郑长德，刘帅．基于空间计量经济学的碳排放与经济增长分析［J］．中国人口·资源与环境，2011，21（5）：80－86.

［34］张勇，刘婵，姚亚平．GM（1，N）与GM（0，N）模型在能源消费碳排放预测中的比较研究［J］．数学的实践与认识，2014，44（5）：72－79.

［35］张发明，王艳旭．融合系统聚类与BP神经网络的世界碳排放预测模型研究［J］．数学的实践与认识，2016，46（1）：77－84.

［36］邓荣荣．惯性发展情境下湖南省能否实现2020年减碳目标？——基于GM（1，1）模型预测［J］．资源开发与市场，2017，33（7）：802－806＋848.

［37］郭正权，张兴平，郑宇花．能源价格波动对能源—环境—经济系统的影响研究［J］．中国管理科学，2018，26（11）：22－30.

［38］王勇，毕莹，王恩东．中国工业碳排放达峰的情景预测与减排潜力评估［J］．中国人口·资源与环境，2017，27（10）：131－140.

[39] 赵荣钦，黄贤金，刘英，丁明磊．区域系统碳循环的土地调控机理及政策框架研究［J］．中国人口·资源与环境，2014，24（5）：51-56.

[40] 吴良泉，武良，崔振岭，陈新平，张福锁．中国玉米区域氮磷钾肥推荐用量及肥料配方研究［J］．土壤学报，2015，52（4）：802-817.

[41] 闵继胜，胡浩．中国农业生产温室气体排放量的测算［J］．中国人口·资源与环境，2012，22（7）：21-27.

[42] 姜志翔，郑浩，李锋民，王震宇．生物炭碳封存技术研究进展［J］．环境科学，2013，34（8）：3327-3333.

[43] 米松华，黄祖辉，朱奇彪，黄莉莉．农户低碳减排技术采纳行为研究［J］．浙江农业学报，2014，26（3）：797-804.

[44] 李娇，公丕海，关长涛，刘毅．人工鱼礁材料添加物碳封存能力及其对褶牡蛎固碳量的影响［J］．渔业科学进展，2016，37（6）：100-104.

[45] 邓明君，邓俊杰，刘佳宇．中国粮食作物化肥施用的碳排放时空演变与减排潜力［J］．资源科学，2016，38（3）：534-544.

[46] 刘翔，陈晓红．我国低碳经济发展效率的动态变化及碳减排潜力分析［J］．系统工程，2017，35（5）：92-100.

[47] 叶琴，曾刚，戴劭勍，王丰龙．不同环境规制工具对中国节能减排技术创新的影响——基于285个地级市面板数据［J］．中国人口·资源与环境，2018，28（2）：115-122.

[48] 曹玉博，邢晓旭，柏兆海，王选，胡春胜，马林．农牧系统氨挥发减排技术研究进展［J］．中国农业科学，2018，51（3）：566-580.

[49] 施晓清，李笑诺，杨建新．低碳交通电动汽车碳减排潜力及其影响因素分析［J］．环境科学，2013，1（1）：385-394.

[50] 郭朝先．中国工业碳减排潜力估算［J］．中国人口·资源与环境，2014，24（9）：13-20.

[51] 屈超，陈甜．中国2030年碳排放强度减排潜力测算［J］．中国人口·资源与环境，2016，26（7）：62-69.

[52] 李志学，孙敏．我国各省区碳退耦指数与减排潜力的测算［J］．统计与决策，2017（14）：101-104.

［53］陶瑞，唐诚，李锐，谭亮，褚贵新．有机肥部分替代化肥对滴灌棉田氮素转化及不同形态氮含量的影响［J］．中国土壤与肥料，2015（1）：50－56.

［54］朱宁，曹博，秦富．基于化肥削减潜力及碳减排的小麦生产效率［J］．中国环境科学，2018，38（2）：784－791.

［55］罗文兵，邓明君，向国成．我国棉花种植化肥施用的碳排放时空演变及减排潜力［J］．经济地理，2015，35（9）：149－156.

［56］李明贤，刘娟．中国碳排放与经济增长关系的实证研究［J］．技术经济，2010，29（9）：33－36＋118.

［57］张新民．农业碳减排的生态补偿机制［J］．生态经济，2013（10）：107－110.

［58］费伟婷，肖索非，金梦娇，柳婧．不同碳减排措施的减排潜力及居民实施碳减排措施的动机［J］．北方环境，2011，23（7）：31－32.

［59］孙芳，林而达．中国农业温室气体减排交易的机遇与挑战［J］．气候变化研究进展，2012，8（1）：54－59.

［60］杨果．以农业合作组织推动我国低碳农业发展［J］．生态经济，2016，32（10）：93－96＋109.

［61］翁志辉，林海清，柯文辉，同琼，翁伯琦．台湾地区低碳农业发展策略与启示［J］．福建农业学报，2009，24（6）：586－591.

［62］谢淑娟，匡耀求，黄宁生．中国发展碳汇农业的主要路径与政策建议［J］．中国人口·资源与环境，2010，20（12）：46－51.

［63］漆雁斌，江玲．我国农业低碳发展参与主体的博弈行为与困境化解［J］．农村经济，2013（10）：8－12.

［64］王晓莉，吴林海．碳标签制度：隐含碳排放视角下中国农产品对外贸易的挑战与机遇［J］．世界农业，2014（8）：1－5＋165.

［65］翁智雄，程翠云，葛察忠，马忠玉．碳税政策视角下的中国碳减排政策研究［J］．环境保护科学，2018，44（3）：1－7.

［66］陈昌洪．农户选择低碳农业标准化的意愿及影响因素分析——基于四川省农户的调查［J］．北京理工大学学报（社会科学版），2013，15（3）：21－25.

[67] 谢齐玥，张广胜．辽西玉米主产区农户氮肥减量化意愿因素分析——阜新蒙古族自治县农户低碳生产行为调研报告［J］．沈阳农业大学学报（社会科学版），2013，15（3）：257－261.

[68] 侯博，应瑞瑶．分散农户低碳生产行为决策研究——基于 TPB 和 SEM 的实证分析［J］．农业技术经济，2015（2）：4－13.

[69] 樊翔，张军，王红，刘梅．农户禀赋对农户低碳农业生产行为的影响——基于山东省大盛镇农户调查［J］．水土保持研究，2017，24（1）：265－271.

[70] 刘芳，李成友，张红丽．农户环境认知及低碳生产行为模式［J］．云南社会科学，2017（6）：58－63.

[71] 蒋琳莉，张露，张俊飚，王红．稻农低碳生产行为的影响机理研究——基于湖北省 102 户稻农的深度访谈［J］．中国农村观察，2018（4）：86－101.

[72] 周建春．从耕地流失谈农民土地权益的保护［J］．中国发展观察，2005（3）：13－16.

[73] 黄珺嫦．基于农户视角的河南省农地流转影响因素分析［J］．中国国土资源经济，2015，28（6）：41－44.

[74] 周诚．农地征用中的公正补偿［J］．江苏农村经济，2003（11）：16－17.

[75] 程令国，张晔，刘志彪．农地确权促进了中国农村土地的流转吗?［J］．管理世界，2016（1）：88－98.

[76] 蔡洁，夏显力．农地确权真的可以促进农户农地流转吗？——基于关中—天水经济区调查数据的实证分析［J］．干旱区资源与环境，2017，31（7）：28－32.

[77] 李静．农地确权、资源禀赋约束与农地流转［J］．中国地质大学学报（社会科学版），2018，18（3）：158－167.

[78] 林卿．农地制度与农业可持续发展［J］．农业经济问题，1999（5）：12－16.

[79] 张红丽，郭永奇，刘慧．绿洲现代农业节水技术体系及效益评价[J].

科技与经济，2011，24（3）：45－49.

［80］王甜甜，黄艳萍，聂兵．城市土壤碳储量估算方法综述［J］．安徽农学通报，2017，23（1）：69－71.

［81］王万茂，王群．俄罗斯土地规划设计实践［J］．中国土地，2010（6）：53－55.

［82］郑晶，张春霞．福建省低碳经济发展研究［J］．中南林业科技大学学报（社会科学版），2011，5（6）：72－74＋79.

［83］吴贤荣，张俊飚，田云，李鹏．中国省域农业碳排放：测算、效率变动及影响因素研究——基于DEA－Malmquist指数分解方法与Tobit模型运用［J］．资源科学，2014，36（1）：129－138.

［84］陈儒，徐婵娟，邓悦，姜志德．黄土高原退耕区低碳农业生产模式研究［J］．西北农林科技大学学报（社会科学版），2017，17（6）：55－65.

［85］刘卫东，张雷，王礼茂，赵建安，马丽，唐志鹏，高菠阳，余金艳．我国低碳经济发展框架初步研究［J］．地理研究，2010，29（5）：778－788.

［86］佘群芝．环境库兹涅茨曲线的理论批评综论［J］．中南财经政法大学学报，2008（1）：20－26.

［87］李武，王岩．低碳经济研究综述［J］．内蒙古大学学报（哲学社会科学版），2010，42（3）：27－33.

［88］李春花，孙振清．基于SUR模型的中日韩碳排放EKC分析及因素分解研究［J］．生态经济，2016，32（7）：60－65.

［89］王美昌，徐康宁．贸易开放、经济增长与中国二氧化碳排放的动态关系——基于全球向量自回归模型的实证研究［J］．中国人口·资源与环境，2015，25（11）：52－58.

［90］王艺明，胡久凯．对中国碳排放环境库兹涅茨曲线的再检验［J］．财政研究，2016（11）：51－64.

［91］邹庆．基于面板门限回归的中国碳排放EKC研究［J］．中国经济问题，2015（4）：86－99.

［92］吴金凤，王秀红，汪然．中国东部沿海地区耕地和建设用地连通性变化——以山东省平度市为例［J］．水土保持通报，2015，35（5）：251－256.

[93] 王洪丽，杨印生，舒坤良．多重规制下小农户质量安全生产行为的重塑——以吉林省水稻种植农户为例［J］．税务与经济，2018（3）：61－67.

[94] 郁丹钦．亲和动机、求知动机对群体成员目标行为的影响［D］．杭州：浙江大学，2014.

[95] 茅倬彦，罗昊．符合二胎政策妇女的生育意愿和生育行为差异——基于计划行为理论的实证研究［J］．人口研究，2013，37（1）：84－93.

[96] 张高亮，张璐璐，邱咸，朱文征．基于计划行为理论的渔民参与专业合作组织行为的产生机理［J］．农业经济问题，2015（8）：97－104.

[97] 甘臣林，谭永海，陈璐，陈银蓉，任立．基于TPB框架的农户认知对农地转出意愿的影响［J］．中国人口·资源与环境，2018，28（5）：152－159.

[98] 宾幕容，周发明．畜禽养殖污染控制中的政府行为分析［J］．黑龙江畜牧兽医，2017（20）：1－7.

[99] 崔亚飞，Bluemling B. 农户生活垃圾处理行为的影响因素及其效应研究——基于拓展的计划行为理论框架［J］．干旱区资源与环境，2018，32（4）：37－42.

[100] 高琴，敖长林，毛碧琦，卢雨萱．基于计划行为理论的湿地生态系统服务支付意愿及影响因素分析［J］．资源科学，2017，39（5）：893－901.

[101] 张标，张领先，傅泽田．北京市蔬菜生产技术采纳意愿与采纳行为分析［J］．宁夏农林科技，2014（5）：44－47.

[102] 王学婷，何可，张俊飚，童庆蒙，程文能．农户对环境友好型技术的采纳意愿及异质性分析——以湖北省为例［J］．中国农业大学学报，2018，23（6）：197－209.

[103] 谢淑娟，匡耀求，黄宁生，赵细康．低碳农业评价指标体系的构建及对广东的评价［J］．生态环境学报，2013，22（6）：916－923.

[104] 曹凑贵，李成芳，展茗，汪金平．稻田管理措施对土壤碳排放的影响［J］．中国农业科学，2011，44（1）：93－98.

[105] 李小涵，王朝辉，郝明德，李生秀．黄土高原旱地不同种植模式土壤碳特征评价［J］．农业工程学报，2010，26（S2）：325－330.

[106] 张国娟，濮晓珍，张鹏鹏，张旺锋等．干旱区棉花秸秆还田和施肥对

土壤氮素有效性及根系生物量的影响［J］．中国农业科学，2017，50（13）：2624－2634.

［107］黄祖辉，米松华．农业碳足迹研究——以浙江省为例［J］．农业经济问题，2011（11）：40－47.

［108］陈舜，逯非，王效科．中国氮磷钾肥制造温室气体排放系数的估算［J］．生态学报，2015，35（19）：6371－6383.

［109］胡发龙，柴强，甘延太，殷文，赵财，冯福学．少免耕及秸秆还田小麦间作玉米的碳排放与水分利用特征［J］．中国农业科学，2016，49（1）：120－131.

［110］吴婷，张新忠，王忆，韩振海．中国苹果园碳汇能力研究［C］//中国园艺学会学术年会，2011：19.

［111］葛全胜，戴君虎，何凡能，潘嫄，王梦麦．过去300年中国土地利用、土地覆被变化与碳循环研究［J］．中国科学：地球科学，2008，38（2）：197－210.

［112］彭文甫，周介铭，徐新良，罗怀良，赵景峰，杨存建．基于土地利用变化的四川省碳排放与碳足迹效应及时空格局［J］．生态学报，2016，36（22）：7244－7259.

［113］蔡苗苗，吴开亚．上海市建设用地扩张与土地利用碳排放的关系研究［J］．资源开发与市场，2018，34（4）：499－505.

［114］张苗，陈银蓉，程道平，甘臣林．土地利用结构和强度变化对碳排放影响分析［J］．资源开发与市场，2018，34（5）：624－628.

［115］李小康，王晓鸣，华虹．土地利用结构变化对碳排放的影响关系及机理研究［J］．生态经济（中文版），2018（1）：14－19.

［116］赖力．中国土地利用的碳排放效应研究［D］．南京：南京大学，2010.

［117］张俊峰，张安录，董捷．武汉城市圈土地利用碳排放效应分析及因素分解研究［J］．长江流域资源与环境，2014，23（5）：595－602.

［118］张丽峰．北京碳排放与经济增长间关系的实证研究——基于EKC和STIRPAT模型［J］．技术经济，2013，32（1）：90－95.

［119］薛俊宁，吴佩林．技术进步、技术产业化与碳排放效率——基于中国省际面板数据的分析［J］．上海经济研究，2014（9）：111－119.

［120］刘宇，吕郢康，周梅芳．投入产出法测算 CO_2 排放量及其影响因素分析［J］．中国人口·资源与环境，2015，25（9）：21－28.

［121］唐德才，吴梅，TANGDecai. 2013～2020 年江苏省碳排放驱动因素趋势预测［J］．生态经济（中文版），2016，32（1）：63－67.

［122］李俊，董锁成，杨义武．基于 STIRPAT 和 Path 的宁夏碳排影响因素分析［J］．干旱区资源与环境，2016，30（7）：42－46.

［123］何艳秋，戴小文．中国农业碳排放驱动因素的时空特征研究［J］．资源科学，2016，38（9）：1780－1790.

［124］樊高源，杨俊孝．土地利用结构、经济发展与土地碳排放影响效应研究——以乌鲁木齐市为例［J］．中国农业资源与区划，2017，38（10）：177－184.

［125］杜宁宁，邱莉萍，张兴昌，程积民．半干旱区土地利用方式对土壤碳氮矿化的影响［J］．干旱地区农业研究，2017，35（35）：78.

［126］杨冕，卢昕，段宏波．中国高耗能行业碳排放因素分解与达峰路径研究［J］．系统工程理论与实践，2018，38（10）：2501－2511.

［127］王劼，朱朝枝．农业碳排放的影响因素分解与脱钩效应的国际比较［J］．统计与决策，2018，34（11）：104－108.

［128］李克让，曹明奎，於琍，吴绍洪．中国自然生态系统对气候变化的脆弱性评估［J］．地理研究，2005，24（5）：653－663.

［129］赖力，刘静，刘玉洁，幸宏伟．安顺市西秀区荒漠化山体生态修复方案探讨［J］．南方农业，2018，12（28）：109－113.

［130］李波，刘雪琪，王昆．中国农地利用结构变化的碳效应及时空演进趋势研究［J］．中国土地科学，2018，32（3）：43－51.

［131］胡向东，王济民．中国畜禽温室气体排放量估算［J］．农业工程学报，2010，26（10）：247－252.

［132］田云，张俊飚，吴贤荣，程琳琳．中国种植业碳汇盈余动态变化及地区差异分析——基于 31 个省（市、区）2000—2012 年的面板数据［J］．自然资

源学报，2015，30（11）：1885－1895.

［133］李波，张俊飚，李海鹏．中国农业碳排放时空特征及影响因素分解［J］．中国人口·资源与环境，2011，21（8）：80－86.

［134］李波，刘雪琪，王昆．中国农地利用结构变化的碳效应及时空演进趋势研究［J］．中国土地科学，2018，32（3）：43－51.

［135］白翠媚，梅昀，张苗．武汉市土地利用变化碳排放及碳足迹分析［J］．湖北农业科学，2015，54（2）：313－317.

［136］张朝辉，耿玉德，王太祥．农户退耕意愿影响因素的贫困尺度差异分析——基于新疆阿克苏地区的调研数据［J］．林业经济问题，2018，38（1）：1－6＋99.

［137］余威震，罗小锋，李容容，薛龙飞，黄磊．绿色认知视角下农户绿色技术采纳意愿与行为悖离研究［J］．资源科学，2017，39（8）：1573－1583.

［138］秦明，范焱红，王志刚．社会资本对农户测土配方施肥技术采纳行为的影响——来自吉林省 703 份农户调查的经验证据［J］．湖南农业大学学报（社会科学版），2016，17（6）：14－20.

［139］杨红娟，程元鹏．云南少数民族地区能源碳排放预测及减排路径研究［J］．经济问题探索，2016（4）：183－190.

［140］彭新宇．基于补贴视角的农村户用沼气池成本效益评价：以湘潭市新月村为例［J］．环境科学与管理，2009，34（11）：154－157.

［141］周力，郑旭媛．基于低碳要素支付意愿视角的绿色补贴政策效果评价——以生猪养殖业为例［J］．南京农业大学学报（社会科学版），2012，12（4）：85－91.

［142］曹光乔，周力，易中懿，张宗毅，韩喜秋．农业机械购置补贴对农户购机行为的影响——基于江苏省水稻种植业的实证分析［J］．中国农村经济，2010（6）：38－48.

［143］李莎莎，朱一鸣．农户持续性使用测土配方肥行为分析——以 11 省 2172 个农户调研数据为例［J］．华中农业大学学报（社会科学版），2016（4）：53－58.

［144］吴雪莲，张俊飚，丰军辉．农户作物秸秆市场流通的参与意愿及其影

响因素［J］. 干旱区资源与环境，2017，31（2）：79－84.

［145］张童朝，颜廷武，何可，张俊飚. 资本禀赋对农户绿色生产投资意愿的影响——以秸秆还田为例［J］. 中国人口·资源与环境，2017，27（27）：89.

［146］童庆蒙，张露，张俊飚. 家庭禀赋特征对农户气候变化适应性行为的影响研究［J］. 软科学，2018，32（1）：136－139.

［147］盖豪，颜廷武，何可，张俊飚. 基于农户视角的秸秆机械化还田服务绩效评价及其障碍因子诊断——来自冀、鲁、皖、鄂四省的调查［J］. 长江流域资源与环境，2018，27（11）：205－216.

［148］潘明明. 南疆三地州农村反贫困的人力资源开发研究［D］. 石河子：石河子大学，2015.

［149］胡瑞法，孙艺夺. 农业技术推广体系的困境摆脱与策应［J］. 改革，2018（2）：89－99.

［150］赵晓岚. 浅谈清洁发展机制实施过程数据的质量保证［J］. 工业计量，2013，23（9）：67－69.

［151］黄孝华. 国际碳基金运行机制研究［J］. 武汉理工大学学报，2010（4）：108－112.

［152］沈满洪，贺震川. 低碳经济视角下国外财税政策经验借鉴［J］. 生态经济（中文版），2011（3）：83－89.

［153］张亮. 欧洲国家环境税制度对中国碳税政策的借鉴与启示［J］. 环境与发展，2017，29（4）：27－29＋44.

［154］杨筠桦. 欧洲低碳农业发展政策的实践经验及对中国的启示［J］. 世界农业，2018（2）：67－72.

［155］Vleeshouwers L M，Verhagen A. Carbon Emission and Sequestration by Agricultural Land Use：A Model Study for Europe［J］. Global Change Biology，2010，8（6）：519－530.

［156］Grunzweig J M，Sparrow S D，Yakir D，et al. Impact of Agricultural Land－Use Change on Carbon Storage in Boreal Alaska［J］. Global Change Biology，2004，10（4）：452－472.

［157］Stone B，Hess J J，Frumkin H. Urban Form and Extreme Heat Events：

Are Sprawling Cities More Vulnerable to Climate Change Than Compact Cities? [J]. Environ Health Perspect, 2010, 118 (10): 1425 - 1428.

[158] Arevalo, Carmela B M, Bhatti, et al. Ecosystem Carbon Stocks and Distribution Under Different Land - Uses in North Central Alberta, Canada [J]. Forest Ecology & Management, 2009, 257 (8): 1776 - 1785.

[159] Nan L, Li B. Tensor Completion for on - board Compression of Hyperspectral Images [C] // IEEE International Conference on Image Processing. 2015, 9, 1, 85 - 95.

[160] Lal R. Beyond Copenhagen: Mitigating Climate Change and Achieving Food Security Through Soil Carbon Sequestration [J]. Food Security, 2010, 2 (2): 169 - 177.

[161] Kim H, Kim S, Dale B E. Biofuels, Land use Change, and Greenhouse Gas Emissions: Some Unexplored Variables [J]. Environmental Science & Technology, 2009, 43 (3): 961 - 967.

[162] Pearson T R H, Brown S, Murray L, et al. Greenhouse Gas Emissions from Tropical Forest Degradation: An Underestimated Source [J]. Carbon Balance and Management, 2017, 12 (1): 3.

[163] Albanito, F, Beringer, T, Corstanje, R, Poulter, B, Stephenson, A, Zawadzka, J, Smith, P. Carbon Implications of Converting Cropland to Bioenergy Crops or Forest for Climate Mitigation: A Global Assessment [J]. Global Change Biology Bioenergy, 2016, 8 (1): 81 - 95.

[164] Scott M J, Sands R D, Rosenberg N J, et al. Future N_2O from US Agriculture: Projecting Effects of Changing Land Use, Agricultural Technology, and Climate on N_2O Emissions [J]. Global Environmental Change, 2002, 12 (2): 105 - 115.

[165] Pandey A, Mai V T, Vu D Q, et al. Organic Matter and Water Management Strategies to Reduce Methane and Nitrous Oxide Emissions from Rice Paddies in Vietnam [J]. Agriculture, Ecosystems & Environment, 2014 (196): 137 - 146.

[166] Park J H, Hong T H. Analysis of South Korea's Economic Growth, Car-

bon Dioxide Emission and Energy Consumption Using the Markov Switching Model [J]. Renewable and Sustainable Energy Reviews, 2013 (18): 543 –551.

[167] Baranzini A, José Goldemberg, Speck S. A future for Carbon Taxes [J]. Ecological Economics, 2000, 32 (3): 395 –412.

[168] Jo L. Risk Governance and the Precautionary Principle: Recent Cases in the Environment, Public Health and Food Safety (ENVI) Committee [J] . European Journal of Risk Regulation, 2012, 3 (2): 169 –173.

[169] Sidortsov R. Connecting the Ends with the Means of Carbon Tax Reform: The German and French Experience [J] . Ssrn Electronic Journal, 2010 (66): 191 –210.

[170] Choi, Tsan – Ming. Local Sourcing and Fashion Quick Response System: The Impacts of Carbon Footprint tax [J] . Transportation Research Part E: Logistics and Transportation Review, 2013 (55): 43 –54.

[171] Yamazaki, Akio. Jobs and Climate Policy: Evidence from British Columbia, Revenue – Neutral, Carbon Tax [J] . Journal of Environmental Economics and Management, 2017 (83): 197 –216.

[172] Erutku C, Hildebrand V. Carbon Tax at the Pump in British Columbia and Quebec [J] . Canadian Public Policy, 2018 (44): 185 –191.

[173] Ponsioen T C, Blonk T J. Calculating Land Use Change in Carbon Footprints of Agricultural Products as an Impact of Current Land Use [J] . Journal of Cleaner Production, 2012, 28 (3): 120 –126.

[174] Martin M P, Gao X, Lee J H, et al. Epistatic Interaction between KIR3DS1 and HLA – B Delays the Progression to AIDS. [J] . Nature Genetics, 2002, 31 (4): 429 –434.

[175] Wheeler D, Tietz D, Chrambach A. Information on DNA Conformation Derived from Transverse Pore Gradient Gel Electrophoresis in Conjunction with an Advanced Data Analysis Applied to Capillary Electrophoresis in Polymer Media. [J] . Electrophoresis, 2010, 13 (1): 604 –608.

[176] Tian Y, Li B, Zhang J. Research on Stage Characteristics and Factor De-

composition of Ggricultural Land Carbon Emission in China [J] . Journal of China University of Geosciences, 2010, 23 (4): 529 - 534.

[177] Ran G. Study on the Changing Tendency and Counter - measures of Carbon Emission Produced by Agricultural Production in China [J] . Issues in Agricultural Economy, 2010, 11 (4): 331 - 338.

[178] Manne A, Richels R. An Alternative Approach to Establishing Trade - Offs Among Greenhouse Gases. [J] . Nature, 2001, 410 (6829): 675 - 700.

[179] Reichhardt T. Emissions fall Despite Economic Growth [J] . Nature International Weekly Journal of Science, 1999, 400 (6744): 494 - 494.

[180] Peter C, Fiore A, Hagemann U, et al. Improving the Accounting of Field Emissions in the Carbon Footprint of Agricultural Products: A Comparison of Default IPCC Methods with Readily Available Medium - Effort Modeling Approaches [J] . International Journal of Life Cycle Assessment, 2016, 21 (6): 1 - 15.

[181] Park J H, Goldstein A H, Timkovsky J, et al. Active Atmosphere - Ecosystem Exchange of the Vast Majority of Detected Volatile Organic Compounds [J] . Science, 2013, 341 (6146): 643 - 647.

[182] Janssen M, Farley J, Hearst E. Temporal Location of Unsignaled Food Deliveries: Effects on Conditioned Withdrawal (inhibition) in Pigeon Signtracking. [J] . Journal of Experimental Psychology Animal Behavior Processes, 1995, 21 (2): 116 - 128.

[183] Phylipsen, G J M, Bode, et al. A Triptych Sectoral Approach to Burden Differentiation; GHG Emissions in the European Bubble [J] . Energy Policy, 2007, 26 (12): 929 - 943.

[184] Chaurey A, Kandpal T C. Carbon Abatement Potential of Solar Home Systems in India and Their Cost Reduction Due to Carbon Finance [J] . Energy Policy, 2009, 37 (1): 115 - 125.

[185] Rdh C, Sbm W, Thomas LRMcCaughey W R, et al. Current and Residual Effects of Nitrogen Fertilizer Applied to Grass Pasture on Production of Beef Cattle in Central Saskatchewan [J] . Canadian Journal of Animal Science, 2004, 84 (1):

91 – 104.

[186] Jagadamma S, Lal R, Hoeft R G, et al. Nitrogen Fertilization and Cropping System Impacts on Soil properties and Their Relationship to Crop Yield in the Central Corn Belt, USA [J]. Soil & Tillage Research, 2008, 98 (2): 120 – 129.

[187] Scott – Brown M, Miah A, Harrington K, et al. Evidence – Based Review: Quality of Life Following Head and Neck Intensity – Modulated Radiotherapy [J]. Radiotherapy & Oncology Journal of the European Society for Therapeutic Radiology & Oncology, 2010, 97 (2): 249 – 257.

[188] Iwata H, Okada K, Samreth S. Empirical Study on the Determinants of CO_2 Emissions: Evidence from OECD Countries [J]. Applied Economics, 2012, 44 (27): 3513 – 3519.

[189] Du L I, Han Y. Decoupling Effect of Agricultural Carbon Emission in Anhui Province and Factors Influencing the Emission [J]. Journal of Anhui Agricultural University, 2012, 71 (11): 196 – 202.

[190] Clements R H, Katasani V G, Palepu R, et al. Incidence of Vitamin Deficiency after Laparoscopic Roux – en – Y Gastric Bypass in a University Hospital Setting [J]. Am Surg, 2006, 72 (12): 1196 – 1202.

[191] Dixon D A, Churchill J J, Kowalczykowski S C. Reversible Inactivation of the Escherichia Coli RecBCD Enzyme by the Recombination Hotspot chi in Vitro: Evidence for Functional Inactivation or Loss of the RecD Subunit [J]. Proceedings of the National Academy of Sciences of the United States of America, 1994, 91 (8): 2980 – 2984.

[192] Canadell J G, Le Q C, Raupach M R, et al. Contributions to Accelerating Atmospheric CO_2 Growth From Economic Activity, Carbon Intensity and Efficiency of Natural Sequestration [J]. Proc Natl Acad Sci USA, 2007, 104 (47): 18866 – 18870.

[193] Simtowe F. Can Risk – Aversion Towards Fertilizer Explain Part of the Non – Adoption Puzzle for Hybrid Maize? Empirical Evidence from Malawi [J]. Journal of Applied Sciences, 2006, 6 (7): 185 – 196.

[194] Brick K, Visser M. Risk Preferences, Technology Adoption and Insurance Uptake: A Framed Experiment [J]. Journal of Economic Behavior & Organization, 2015 (118): 383-396.

[195] Slavin J. Fiber and Prebiotics: Mechanisms and Health Benefits [J]. Nutrients, 2013, 5 (4): 1417-1435.

[196] Abrahamse W, Steg L, Vlek C, et al. A Review of Intervention Studies Aimed at Household Energy Conservation [J]. Journal of Environmental Psychology, 2005, 25 (3): 273-291.

[197] Zimbardo P G, Leippe M R. The Psychology of Attitude Change and Social Influence [M]. The Psychology of Attitude Change and Social Influence, 1991: 56-89.

附 录

农户气候变暖认知和低碳生产技术采纳行为调查问卷

调查地点：________市________镇（县）____乡（村）____组

调查日期：________

您好！我们正在开展农户对气候变暖认知和农户低碳生产技术采纳行为的研究，请根据您的实际情况或所见所闻填写问卷，您的个人情况只用于问卷的总结分析，我们会严格保密，衷心感谢您的合作与支持！请根据您的实际情况在答案号上打“√”。

一、农户个人及家庭信息

1. 您的性别：

（1）男　　（2）女

2. 您的年龄是：

（1）30 岁以下　　（2）31 ~ 40 岁　　（3）41 ~ 50 岁

（4）51 ~ 60 岁　　（5）61 岁以上

3. 您的文化程度为：

（1）小学及以下　　（2）初中　　（3）高中/中专

（4）大专/大本　　（5）研究生

4. 您的家庭总人数：

（1）1 人　　（2）2 人　　（3）3 人

（4）4 人　　（5）5 人及以上

其中，从事农业劳动的人数为：

（1）1 人　　（2）2 人　　（3）3 人

（4）4 人　　（5）5 人及以上

5. 您种地的年限：

（1）1～5 年　　（2）6～10 年　　（3）11～15 年

（4）16～20 年　　（5）21 年以上

6. 您的性格是：

（1）风险规避者（不爱冒风险）

（2）风险偏好者（喜欢冒风险）

（3）风险中立者

7. 家庭年均收入为：

（1）1 万元以下　　（2）1.1 万～3 万元　　（3）3.1 万～5 万元

（4）5.1 万～10 万元　　（5）10.1 万元以上

其中，外出务工收入为（　　）元，务工收入占比大约为（　　）。

8. 您的民族是：

（1）汉族　　（2）维吾尔族　　（3）哈萨克族

（4）回族　　（5）其他民族

9. 您家耕地面积共有（　　）亩，地块数分（　　）块。

10. 您家耕地土壤质量（有机质状况）如何？

（1）非常差　　（2）比较差　　（3）一般

（4）比较好　　（5）非常好

11. 您是党员或村干部吗？

（1）是　　（2）不是

12. 您家种植的主要农作物种类是：

（1）粮食作物（小米、玉米）　　（2）棉花　　（3）蔬菜类

（4）林果类（核桃、红枣、苹果、蟠桃、葡萄等）（5）苜蓿等饲草料

13. 您有加入农民专业合作社吗？

（1）有　　（2）没有

14. 您没加入专业合作社的原因是［如果上题是选（1），本题无须作答］：

（1）村里没有

（2）不知道怎么加入

（3）加入后的增产增收效果不明显

（4）入股资金偏多

（5）担心合作社利益分配不均

二、气候变暖认知和政府政策了解情况

1. 您知道气候变暖能加剧农业病虫害，影响农作物产量吗？

（1）知道　　　　　　（2）不知道

2. 您知道二氧化碳、甲烷、氧化亚氮等温室气体累积排放能加剧温室效应，导致气候变暖吗？

（1）知道　　　　　　（2）不知道

3. 您知道过量化肥投入，可以导致氧化亚氮温室气体排放进而加剧气候变暖吗？

（1）知道　　　　　　（2）不知道

4. 您知道多施有机肥、少用化肥，不仅可以增加土壤肥力，还可减少温室气体排放，缓解气候变暖吗？

（1）知道　　　　　　（2）不知道

5. 您知道测土配方施肥不仅可以减少不合理的化肥投入、降低生产成本，而且有利于减缓气候变暖吗？

（1）知道　　　　　　（2）不知道

6. 您知道秸秆还田不仅能增加土壤有机质，还可以提高土壤固碳能力吗？

（1）知道　　　　　　（2）不知道

7. 您知道禽畜养殖的粪便（鸡粪/猪粪/牛粪/羊粪）能释放甲烷、氧化亚氮等温室气体吗？

（1）知道　　　　　　（2）不知道

8. 您知道国家实施“退耕还林还草”工程是为了保护环境，更好地应对气候变化吗？

（1）知道　　　　　　　（2）不知道

9. 您知道使用生物农药对环境没有危害吗？

（1）知道　　　　　　　（2）不知道

10. 您知道利用畜禽粪便生产沼气是一种低碳技术吗（清洁能源技术）？

（1）知道　　　　　　　（2）不知道

11. 您了解“十三五”期间政府为鼓励大家减少环境污染而出台的“化肥农药零增长”行动方案和“畜禽养殖粪污综合利用”实施方案吗？

（1）非常不了解　　　　（2）比较不了解　　　　（3）一般了解

（4）比较了解　　　　　（5）非常了解

三、农户低碳生产方式调查

1. 您家农作物施肥方式为：

（1）完全施用化肥　　　（2）化肥偏多有机肥少量

（3）化肥有机肥当量配施（4）化肥少量有机肥偏多

（5）完全施用有机肥

2. 您能很容易或较为方便地弄到有机肥吗？

（1）非常不容易　　　　（2）不容易　　　　　　（3）一般

（4）比较容易　　　　　（5）非常容易

3. 您平时根据什么标准施用化肥？

（1）测土配方施肥小组的指导意见

（2）多年种地经验

（3）高于说明书的标准（即增量施用）

（4）低于说明书的标准（即减量施用）

（5）严格按说明书标准

4. 您不按测土配方施肥小组指导意见施肥的原因有［如果上题选（1），本题无须作答］：

原因选项	非常不符合	不符合	一般	符合	非常符合
(1) 我们这没进行过测土配方施肥	1	2	3	4	5
(2) 担心化肥用量偏低，影响产量	1	2	3	4	5
(3) 实际的增产、降成本效果一般	1	2	3	4	5
(4) 习惯按历年种植经验施肥	1	2	3	4	5

5. 您不愿意用有机肥的原因有［如果第1题选（2），本题无须作答］：

原因选项	非常不符合	不符合	一般	符合	非常符合
(1) 肥效慢、增产速度慢	1	2	3	4	5
(2) 施撒人工成本贵	1	2	3	4	5
(3) 脏臭费时费力	1	2	3	4	5
(4) 价格远高于化肥	1	2	3	4	5
(5) 周边缺少规模养殖户，有机肥供应不足	1	2	3	4	5
(6) 商品有机肥质量参差不齐，信不过	1	2	3	4	5

6. 您家农作物除虫，用的是生物农药吗？

（1）是　　（2）不是

7. 您不愿意用生物农药的原因有：

原因选项	非常不符合	不符合	一般	符合	非常符合
(1) 价格偏贵	1	2	3	4	5
(2) 药效不稳定、储藏时间短	1	2	3	4	5
(3) 杀虫效果一般，不如高毒农药效果好	1	2	3	4	5
(4) 没有使用补贴，用药成本偏高	1	2	3	4	5

8. 您按什么标准喷洒农药？

（1）多年种地经验

（2）借鉴邻居的建议

（3）高于说明书的标准（即增量施用）

（4）低于说明书的标准（即减量施用）

（5）严格按说明书标准

9. 您家的棉花或小麦或玉米等农作物秸秆怎么处理？

（1）机械粉碎还田　　（2）当饲料喂牲口　　（3）出售

（4）就地焚烧　　（5）投入沼气池

10. 您家农膜处理方式是什么？

（1）丢田间地头　　（2）卖废品　　（3）回收二次利用

（4）直接就地焚烧　　（5）埋地下

11. 您家饲养牲畜（猪/牛/羊等）的粪便怎么处理？

（1）没饲养，不处理

（2）沤成有机肥，还田做肥料

（3）卖给饲料企业或有机肥加工企业或林果业种植户

（4）拉到偏远地区扔了

（5）投入沼气池，制成沼气

12. 您所在的镇（县）有有机肥加工厂吗？

（1）有　　（2）没有

13. 您接受农业生产技术培训（如作物种植、施肥、施药、作物管理等方面）的次数：

农技服务部门	田间管理	植保	施肥	种苗	农机	加工	质量安全	其他	合计
政府农机部门									
政府非农部门									
农技夜校或农业媒体									
企业或农资销售店									
村民委员会									
农民合作社									
总计									

14. 您家里畜禽（牛、羊、猪、鸡等）养殖数量为：

（1）5只以下　　（2）5～10只　　（3）11～15只

（4）16～20只　　（5）21只及以上

15. 您家不安装户用沼气工程的原因有哪些？

原因选项	非常不符合	不符合	一般	符合	非常符合
（1）沼气工程安装成本高	1	2	3	4	5
（2）畜禽粪便、生活垃圾等原料少	1	2	3	4	5
（3）冬季气温低产气不足不够用	1	2	3	4	5
（4）产气质量不如煤气稳定、不好烧	1	2	3	4	5
（5）其他原因（可填写）					

16. 您每年耕地几次？

（1）不耕地　　（2）1 次

（3）2 次　　（4）3 次

四、农户满意度和意愿调查

1. 您对有机农产品市场价格感到满意吗？

（1）非常不满意　　（2）不满意　　（3）一般

（4）满意　　（5）非常满意

2. 您对有机肥施用补贴政策感到满意吗？

（1）非常不满意　　（2）不满意　　（3）一般

（4）满意　　（5）非常满意

3. 您对保护性耕作技术（少耕、免耕或深松）的补贴政策感到满意吗？

（1）非常不满意　　（2）不满意　　（3）一般

（4）满意　　（5）非常满意

4. 您觉得商品有机肥销售价格：

（1）非常贵　　（2）不太贵　　（3）适中

（4）便宜　　（5）非常便宜

5. 您愿意为减缓气候变暖和保护环境，减施化肥增施有机肥吗？

（1）非常不愿意　　（2）不愿意　　（3）一般

（4）比较愿意　　（5）非常愿意

6. 国家提倡多用有机肥，少用化肥，您认为给多少补贴，您就愿意用有机肥：

（1）30 元/方　　（2）60 元/方　　（3）90 元/方

（4）120 元/方　　　　　（5）150 元/方

7. 政府给多少补贴，您愿意退耕还林：

（1）600 元/亩　　　　　（2）1000 元/亩

（3）1400 元/亩　　　　（4）1800 元/亩